맘고생 않는
집짓기
사용설명서

:집짓다 10년 늙지 않는 법

맘고생 않는
집짓기
사용설명서

:집짓다 10년 늙지 않는 법

조장현 지음

북
씽크

5장 · 이것만 알면 집 짓는 것 문제없다

6장 · 꿈에 그리던 내 집 짓기

7장 · 돈 아끼는 신축 노하우

머리말

자동차를 운전하는 사람이 수천 가지가 넘는다는 자동차 부품들의 이름과 만드는 방법, 그 부품들과 같은 성능을 가진 유사한 재료까지 공부를 해야 할 필요가 있을까요?

시중에 나와 있는 집짓기나 건물을 짓는 것과 관련된 서적들을 보면 20년 넘게 건축현장에 몸담고 전문가로 활동하고 있는 필자가 보기에도 난해한 용어들과 전문적인 지식들을 나열한 책들이 대다수입니다.

기술자들의 특징이 '혹시라도 동종업계 같은 분야의 다른 전문가들에게 책이라도 잡힐까' 우려해서 이것저것 자료들을 모을 수 있는 데까지 모으고, 전문적인 지식을 알고 있다는 것을 자랑하고자 하는 마음이 있는데, 이로인하여 정작 실제로 필요한 것들을 놓치고 있는 것이 아닐까 생각이 듭니다.

이 책은 어려운 것을 쉽게, 복잡한 것을 간단하게 알려주고 정말 중요한 사항들만 강조해서 꼭 챙겨야 할, 놓치지 않아야 하는 사항들만 알기 쉬운 문장으로 쓰는 것에 중점을 두었습니다.

수십 년간 대한민국을 떠받치며 산업화를 이루고 경제를 발전시켜 온 주역들인 베이비부머세대(1955년~1963년 출생자)들의 대다수가 은퇴를 하였거나 은퇴를 준비 중입니다.

경제활동을 하면서 노후대책을 충분히 마련한 일부 베이비부머들은 복잡한 도심을 벗어난 전원주택으로 거처를 옮기거나 그보다 더 여유로운 이들은 서울근교에 세컨하우스로 전원주택을 건축하여 평화롭고 한적한 노후를 즐기고 싶어 합니다.

충분한 노후대책을 마련하지 못한 베이비부머 은퇴자 또는 은퇴예정자들은 노후에 일정하게 들어오는 월세수입을 위하여 다가구주택이나 소규모 상가건물을 건축하기도 합니다.

은퇴를 준비할 나이가 아니더라도 젊은이들 중에서도 각박한 도시의 아파트생활을 탈출하고자 수도권외곽으로 나가 전원주택생활을 꿈꾸는 사람이 많아지고 또 비교적 일찍 수익형 부동산을 마련해서 월세수익을 얻고자 다가구원룸이나 소형 상가건물을 건축하는 사람들이 점점 늘어나고 있습니다.

이렇듯 아늑한 보금자리나 노후를 대비한 수익형 건물 등을 지으려는 NEEDS가 많아짐에도 그에 부응하는 전문적이고 책임감 있는, 소규모 건물 건설사업을 전문적으로 관리하는 전문가들은 찾아 볼 수가 없습니다.

대규모 기업집단에서는 건설사업을 진행할 때 당연하게 PM, CM에 의뢰해서 건설사업에서 발생할 수 있는 여러 가지 RISK를 회피하고 있음에도 그 보다 절실히 PM, CM이 필요한 일반 건축주들은 그 존재조차 모르고 악덕 시공자들에게 피해를 당하는 일이 반복되고 있습니다.

필자는 다년간 기업을 상대로 PM, CM 업무를 진행하는 중에, 악덕 시공업자들이나 무책임한 건축관련 종사자들에게 고통 받는 지인들에게 전문적인 건설사업관리의 기법으로 그들의 어려움을 해결해 주었습니다.

이러한 일들은 지금도 일어나고 있고, 또 앞으로도 근절되지 않을 것 같아 건축주들이 알아야 할 최소한의 내용들을 사례와 함께 기술하였습니다.

이 책에 나오는 내용들을 예비 건축주들께서 실제 건축하실 때 반영하신다면 건축을 하면서 발생할 수 있는 대부분의 문제들은 사전에 예방할 수 있으리라 생각됩니다.
그리고 이러한 문제가 발생되거나 의문이 있으시면 해결책을 제시해 드리겠습니다.

대한민국에서 악덕 건축업자들이 발붙이지 못하게 될 때까지.

E-Mail：cjhw04@naver.com

블러그：https://blog.naver.com/cjhw04

문의：010-8633-9715

짓다만 전원주택

2018년 12월 크리스마스를 며칠 앞둔 어느 날, 평소 알고 지내던 지인분에게서 연락이 왔습니다.

8월부터 전원주택 신축공사를 시작했는데, 얼마 전부터 시공자가 연락이 되지 않는다는 것이었습니다.

전화기 너머의 목소리에서 걱정과 근심과 불안감이 가득 배어있는 것이 수화기를 통해서 그대로 전달되었습니다. 그 날 오후에 급하게 지인분이 말씀하신 신축공사 현장에 가 보았습니다.

차를 운전하며 모퉁이를 돌아서는 순간 지인분께서 말씀하신 현장이 한 눈에 들어 왔습니다. 공사 중에 건물외부를 가리고 있던 가림막은 여기저기 찢겨진 채로 겨울바람에 날리고 있었고, 공사장바닥과 마당에는 널브러진 자재들과 쓰레기들이 가득 차 있었습니다. 공사현장인지 쓰레기장인지 분간이 안 될 정도였습니다.

한숨을 쉬며 이곳저곳을 둘러보던 중 깜짝 놀랄 광경을 보았습니다. 건물 기초가 땅바닥에서 떠 있는 것이었습니다. 기초를 올리기 전에 땅을 잘 다져야 했는데 대충 다지다보니 흙이 침하된 것입니다.

건축에 대한 전문가가 아니라도 심각한 문제라는 것을 알 수 있을 것입니다.

추운 겨울이었지만 한동안 그 자리를 떠날 수가 없었습니다.

1장

·

공사 중
사라진 시공자

공사 중 사라진 시공자
(용인 전원주택)

    서울에 사는 이성두대표는 중건기업의 계열회사에서 대표를 지내다가 퇴임을 하셨습니다. 회사를 다니는 동안 열심히 회사생활을 하였고, 퇴임 후에 한적하게 여생을 즐기기 위해서 전원주택을 짓기로 하셨습니다.

    대표를 하면서 여러 모임에서 아시는 분들도 많아서 '건축가상'을 수상했다는 건축사에게 의뢰해서 꿈에 그리던 빨간 벽돌로 지은 2층 규모의 전원주택 도면을 완성하였습니다. 꼼꼼하고 완벽하게 회사를 이끌던 경험을 바탕으로 도면 한 장, 자재 하나 세심하게 신경을 쓰신 결과 일반적인 전원주택의 도면보다 훨씬 디테일하고 자세한 설계도면과 상세한 자재스펙이 담긴 자재 샘플북까지 완성하셨습니다.

    주위에 아는 시공자도 꽤 있었지만 디테일하고 마음에 쏙 드는 도면을 완성해 준 설계사무소 소장님께 시공자를 소개해 달라고 부탁을 하였습니다.

설계사무소 소장님은 평소 친분이 있는 다른 건축사분의 처남이 운영하는 시공사를 소개해 주었고 공사비 또한 그 전에 알아보았던 2개 회사보다도 저렴한 가격이었습니다.

꼼꼼한 성격의 이성두대표는 그래도 마음이 놓이지 않아서 설계를 해준 설계사무소 소장님에게 별도의 비용을 지불하고 공사중에 시공에 대한 조언을 부탁하였습니다.

그 해 7월에 공사계약을 하였고, 계약금으로 공사비의 10%를 지급하였습니다.

공사가 시작되었습니다. 시공자는 5개월이면 공사가 완료될 것이라고 하였고, 공사가 시작되니 착수금 10%를 보내달라고 해서 착수금 10%를 추가로 지급하였습니다. 이성두대표는 다음 해 1월로 이사계획을 세웠습니다.

중견기업의 계열사 대표를 하면서 회사의 건물도 진두지휘하여 지은 경험도 있고 설계사무소 소장님과는 사적인 친분도 있는데다가 오랜 기간 설계를 진행하면서 신뢰도 생긴 상태여서 별다른 걱정은 하지 않았습니다.

8월말에 골조공사를 시작하였는데, 이때부터 이상한 조짐이 보이기 시작하였다고 합니다. 작업자들이 나오는 날보다 안 나오는 날이 점점 늘었습니다.

작업자들이 나오지 않는 날이 많아지자 이성두대표는 시공사 대표에게 전화를 걸어서 자초지종을 물어보았습니다.

"대표님. 요즘 작업자들이 안 나오는 날이 있던데, 왜 그런 겁니까?"

"아, 네. 죄송합니다. 지금 마무리하는 다른 현장이 있는데 일이 급하게 돌아가서 그쪽으로 사람들을 좀 보냈습니다. 죄송합니다. 다음 주부터는 정상적으로 진행될 테니 걱정하지 마십시오."

"아 그렇군요. 아무튼 잘 부탁드립니다."

"네. 걱정하지 마세요. 하하"

괜한 걱정을 했다고 생각했습니다.

10월정도 되어서 골조공사가 2층 중에 1층이 완료되었습니다. 시공사 대표는 골조공사가 50% 정도 진행되었으니 기성금을 달라고 요청하였습니다. 골조공사금액의 50%를 요청하여서 지급하였습니다.

11월, 12월에는 작업자들이 나오는 날보다 안 나오는 날이 더 많아졌습니다. 건축에 대해서 모르는 사람이 보아도 1월에 이사는 불가능하다는 것을 알 수 있을 정도가 되었습니다.

12월말에 드디어 일이 터졌습니다.

시공사 대표가 연락이 되지를 않는 것이었습니다.

그로부터 며칠 뒤에 골조작업 작업반장이라고 하는 사람에게서 전화가 왔습니다.

그동안 일한 노임을 시공사 대표에게 하나도 못 받았는데 연락이 안 되고 있으니 건축주가 대신 노임을 지급하라는 전화였습니다. 노임지급을 하지 않으면 건물에 유치권을 행사하겠다고 합니다.

다급하게 설계사무소 소장에게 전화를 했습니다만, 자기도 연락이 안 되고 있다는 얘기만 할 뿐입니다.

1월 이사계획은 물 건너갔습니다. 결국 살고 있던 집은 어찌어찌하여 3월까지 조금 더 있는 것으로 얘기는 되었으나, 시공자는 연락이 되지 않고, 작업자들은 농성을 하겠다고 하고, 돈은 돈대로 나갔고, 더욱 갑갑한 것은 어떻게 공사를 마무리해야 할지 모르겠다는 것이었습니다.

문득 전에 회사대표 재직시에, 회사에서 건물을 신축할 때 건설사업관리(CM)를 맡아서 설계, 시공을 총괄하며 진두지휘하였던 조대표가 생각이 났습니다.

지푸라기라도 잡는 심정으로 전화라도 한번 해보자 했지만 뭐 뾰쪽한 수 있겠나 싶기도 했습니다.

"조대표님. 잘 지내시죠?

"아, 네. 이성두대표님. 잘 지내십니까?"

잠깐의 인사말이 오간 후

"다른 게 아니고요, 전에 제가 용인에 전원주택 짓는다고 말씀한 적 있죠? 도면 좀 한번 봐달라고 했었던."

"네. 기억합니다. 잘 마무리 되셨는지요?"

"그것 때문에 전화 드렸는데요."

"네"

"얼마 전부터 작업자들이 안 나와요. 시공사 대표도 연락이 안되고요"

"네? 그게 무슨 말씀이세요?

"말 그대로 시공사 대표가 사라졌다고요."

"일단 만나서 말씀 나누시죠"

건축주인 이성두대표는 전체 공사금액 4억 원 중에 계약금, 착수금 명목으로 8천만 원을 착공하기도 전에 시공자에게 주어버렸습니다. 거기에다가 기성금이라고 골조공사의 50%에 해당하는 금액 6천만 원을 또 지급하였습니다. 시공자 입장에서는 투입된 비용은 5천만 원인 상태에서 1억 4천만 원을 미리 받은 것이었습니다.

그런데 시공자가 5천만 원은 투입하였다고 생각하였는데, 골조 작업자들이 노임을 못 받았다고 4천 5백만 원을 달라고 하였습니다.

결국 시공사 대표는 한 푼도 투입을 하지 않은 것이었습니다.

더욱 가관인 것은 이 건을 정리하려고 이것저것 알아보고 다니다 알게 된 것이, 이 시공사 대표가 비슷한 시기, 비슷한 방법으로 약 20여 개의 현장에서 똑같은 짓을 하고 잠적한 것이었습니다. 금액으로 보면 최소 10억 원에서 15억 원이 되어 보였습니다.

　건축주들의 공통점은 거의 대부분이 전문직이나 회사대표 등 사회적으로 꽤 성공하신 분들이었습니다.

　먼저 진행해야 하는 일은 이 현장에 대한 잠적한 시공사의 권리 부분을 정리하여야 하는 것입니다. 계약서는 양자 간 합의한 내용이기에 계약된 시공자가 있는데 다른 시공자에게 같은 내용의 일을 맡기는 것은 위법입니다.

　두 번째로 진행해야 하는 일은 현재 작업자들에 대한 문제입니다. 건축주가 시공사에게 기성을 지급하였다고는 하지만 작업자들이 노임을 못 받은 것에 대해서는 국가, 특히 노동부에서 발 벗고 나섭니다. 그리고 작업자들은 실제로 노임을 못 받은 경우 현장 점거 등의 실력행사도 불사합니다. 현장의 빠른 정상회복을 위해서도 노임은 반드시 정리하고, 합의서까지 작성하여야 합니다.

　이 곳 현장의 경우는 골조작업자들이 못 받았다고 하는 4천5백만원을 나누어 지급할 테니 그 비용으로 나머지 50%의 골조공사도 완료해 달라는 조건이었습니다. 우여곡절이 있었지만 다행이 서로 합의에 다다랐습니다.

　여기서 중요한 사항이 현장주위에 깔려 있는 작업자들의 식당 외상값, 철물점 외상값입니다. 우습게 알았다가는 기백만원이 훅 나갑니다. 노임 정리하실 때에는 반드시 외상값도 같이 합의하시길 바랍니다.

이후에 진행된 공사는 필자가 건축주 역할을 맡고 1군건설회사 출신의 현장관리자를 배치하였으며, 모든 자재대금, 모든 노임은 건축주인 이성두대표가 직접 지급하는 '직영공사'시스템으로 전환하여 당초 예상했던 공사비 내에서 두 달 만에 공사를 마무리하였습니다.

여기 건축주인 이성두대표처럼 큰일을 당하고 나면 건축에 관련된 어느 누구도 믿지 못하게 됩니다. 하지만 진행하던 공사는 잘 마무리가 되어야 하기 때문에 가장 좋은 방법이 '직영공사' 시스템입니다. 건축의 모든 일을 알고 있는 건축주 대행으로써 도와줄 사람만 곁에 있다면 말입니다.

계약서의 함정

이 현장의 계약서의 일부입니다.

원안에 자세히 보면 계약금10%, 착수금10%로 명기되어 있습니다.

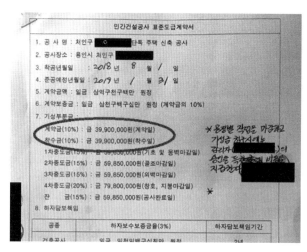

무슨 뜻인지 감이 오나요?

네…

땅도 파기 전에 시공자는 이미 20%의 돈을 받았습니다.

통상 도급공사에서 시공사는 이윤을 10% 전후로 계산을 하는 것이 일반적인데, 공사 착수도 하기 전에 이미 20%의 돈이 들어온 거죠.

이후의 계약서상의 내용은 아무 의미가 없습니다.

20%의 돈이 수중에 들어 온 순간, 공사업자 마음은 이미 콩밭에 가 있습니다.

여러분은 이 현장의 건축주와 다르다고 생각하십니까?

여기 현장의 건축주분도 세상풍파 다 겪으시고 세상사 알만큼 아시는 분입니다.

'원래 이 바닥에서는 그렇게 하는 겁니다.' 라는 말로 건축주를 현혹시키죠.

가장 중요한 사항!

공사 계약할 때 계약금은 최소로 하고(공사이행증권을 받고 계약금 송부)

나머지는 기성으로, 공사가 완료된 것이 확인된 것만 돈을 지불하기 바랍니다.

기성이란

기 旣 ː 이미 '기'

성 成 ː 이루어질 '성'

이미 이루어진 것에 대하여 '돈'을 지불한다는 뜻입니다.

그러니 이미 '이루어진 것' 즉, 공사가 완료가 된 부분에 대해서만 돈을 지불하기 바랍니다.

노임을 못 받았으니 건축주가
책임지라고 하는 현장 작업자들

　이 곳 현장뿐만 아니라 문제가 생기는 대부분의 현장에서 빈번하게 발생하는 사례가 바로 건축주가 시공자에게 지불한 돈이 실제 작업을 진행한 작업자들에게 전달이 되지 않는다는 것입니다.

　건축주입장에서도 물론 머리 아프고 답답한 상황이지만 현장에서 작업을 수행한 작업자 입장에서도 마찬가지입니다.

　사실 시공자에게 지급된 돈이 작업자 개개인에게 전달되지 않는 문제는 현대, 삼성 같은 대형건설사에서도 건축주 여러분들과 마찬가지로 걱정하고 문제가 발생되지 않을까 노심초사하는 부분입니다.

　이러한 문제를 예방하는 원론적인 방법은 작업자들 개개인에게 돈을 직접 지급하고 신분증과 연락처를 받아 놓는 하도급직불제, 노임직불제가 가장 확실한 방법입니다.

하지만 이런 원론적인 해결책을 얘기하는 전문가분들은 실무경험이 없는 분들일 확률이 매우 높습니다.

매일매일 이루어지는 수많은 공정의 수많은 작업자들, 작업팀마다, 개인마다 작업시작시간과 작업종료시간이 다른데, 일일이 뒤쫓아 다니면서 신분증과 연락처를 어찌 확인한단 말입니까?

더군다나 요즘에는 중국뿐 아니라 우즈베키스탄, 베트남, 필리핀 등 국적도 언어도 다른 작업자들이 대다수인데 말입니다.

현실적인 해결방법을 말씀드리면, 현장에 방문해서 잠시 동안 머물 경우에 미장작업자, 철근작업자 등 일을 하고 있는 작업자들에게 말을 걸어보는 겁니다. 말을 거는 사람이 건축주라고 알려주고 이런저런 것을 물어보면 대부분 (외국인이라면 서툰 한국말이라도) 친절하게 알려주고 특히 돈을 못 받았다면 십중팔구는 건축주에게 얘기를 할 것입니다. 물어보셔도 되고요.

그리고 실제 작업에 참여한 작업자들이 자필 서명을 하여 각 작업의 반장들에게 임금을 일괄적으로 대신 수령해도 좋다는 내용의 서류를 받아 놓은 것이 있는지 확인하면 확실하겠습니다.

앞의 사례와 같이 중간에 시공자가 작업자들에게 돈을 지급하지 않고, 돈을 가지고 잠적을 하였다면 노임문제는 최대한 빠르고 적극적으로 해결을 보는 것이 여러모로 유익합니다.

작업자들이 노임을 못 받으면 먼저 현장 작업이 중단되어 공사 진행이 안 되므로 공사기간이 지연되는 문제가 발생하고, 이는 입주날짜가 지연되어 이사계획이나 분양, 임대 일정이 늦어지게 되어 추가 손실이 발생합니다.

또, 작업자들이 노임을 못 받아 노동부에 고발하게 되면 사안에 따라 건축주가 형사처벌까지도 갈 가능성이 있습니다.

만약에 이러한 일이 발생하였다면 돈을 가지고 잠적한 시공자에 대한 법적조치는 따로 진행하고 노임을 지급받지 못한 작업자들의 미지급 노임에 대해서는 상호 협의하여 서로 섭섭하지 않는 선에서 합의하고 중단된 작업을 마무리하도록 유도하는 것이 가장 현명한 대처입니다. 물론 여기서 지급한 노임은 잠적한 시공자에게 추후에 받아내는 법적노력을 해야 하겠습니다.

나는 괜찮겠지?

망한 치킨집 자리에 또 치킨집이 생기고, 장사 안 되어 폐업한 핸드폰 가게 자리에 다른 브랜드의 핸드폰 가게가 문을 엽니다.

왜 그럴까요?

다들 짐작하겠지만 '내가 하면 잘될 것 같아서'입니다.

하지만 결과는 별반 다르지 않습니다.

위 사례에 나온 공사 중단된 현장의 건축주분도 세상풍파 겪을 만큼 겪고 사회적으로도 성공한 대표님이십니다. 머리가 나빠서, 사회경험이 없어서, 사람 상대를 많이 해보지 않아서가 아닙니다.

"이 바닥에서는 원래 다 그렇게 하는 겁니다."

"원래 계약금 외에 착수비로 더 주셔야 되는 거예요."

"자재를 현금으로 사야 돼서요. 그래야 싸요. 자재 사게 돈 먼저 보내주세요."

"다락방은 포함 안 된 금액입니다. 그거 하려면 돈 더 주셔야 하는데요?"

"그 금액으로는 이런 자재밖에 안 돼요. 저 자재 쓰려면 더 주셔야 됩니다."

하루에도 몇 번씩 이런 얘기를 듣다보면 말 그대로 환장합니다. 하지만 어쩌겠습니까?

계약서에 도장을 찍는 순간 소위 말하는 '갑'은 건축주가 아니라 시공자로 신분이동이 되는데요. 계약서에 도장을 찍는 순간 '갑'은 건축주가 아니라 시공자로 바뀝니다.

"그런 법이 어디 있습니까? 자재는 전에 드린 계약금으로 하셔야죠!"

"다락방은 원래 도면에 있었는데 무슨 말씀이세요?"

"전에 LG 것으로 한다고 하셨잖아요. 이 자재는 못 들어본 회사에요."

라고 하면, 전화를 안 받습니다.

작업자도 보이지 않습니다.

며칠 뒤에 간신히 연락이 됩니다. 하지만 똑같은 말 되풀이 하다가 또 전화가 안 됩니다.

몇 번 반복되다가 하는 수없이 "조금만 깎아주세요~"라고 말하는 내 모습을 보게 되고, 뒤통수 맞은 기분과 '나를 어떻게 보고...' 하는 자괴감까지. 오만가지 생각이 다 들지만, 달리 방법이 없다는 것을 깨닫게 되고, '집지으면 10년 늙는다더니...'라는 말을 하고 다니게 됩니다.

특히 제가 본 바로는 사회적으로 성공하신 전문가 분들 – 회사 대표, 의사, 변호사 등 – 이 도리어 이런 경우를 더 많이 당하는 것을 보았습니다. 아마도 자부심이나 자신감, 그리고 '나는 이런 자잘한 것에 신경 쓰는 사람이 아니야.' 이런 생각을 하는 것 같습니다. 그러면 그럴수록 이런 부류의 시공자들은 뽑아 낼 수 있는 데까지 뽑아냅니다. 그리고 감당이 안 될 정도가 되어서야 여기저기 알아보십니다.

2장

·

집짓다
10년 늙은 사례

사장님. 공사비가 더 들어 갔습니다. 돈 좀 더 주셔야 겠습니다.

(수원 상가주택)

수원에 사시는 권양숙 씨는 수원의 택지개발지역내에 상가주택 부지를 분양을 받았습니다.

30여 년 간 남편은 회사 다니고 권양숙 씨는 옷장사, 분식점 안 해 본 것 없이 열심히 살면서 아끼고 모은 돈으로 상가주택을 건축해서 4층에는 부부가 거주하고 1층은 상가, 2, 3층은 원룸임대를 하여 젊은 시절 고생한 만큼 노후에는 월세수익으로 편안한 여생을 보내고자 하는 꿈에 부풀었습니다.

지인들을 통해 소개 받은 설계사무소 중에서 설명 잘해주고 부부가 평소에 생각하던 모습과 가장 비슷한 설계안을 제안해 주신 설계사무소와 계약을 하였으며, 남들이 몇 달 만에 마무리하는 설계를 장장 1년의 세월을 보내면서 정성을 다하여 설계를 마무리 하였습니다.

마침 권양숙 씨의 상가주택 부지가 택지개발지역이어서 주변에 여러 군데에서 상가주택이 공사를 하고 있었습니다.

직접 공사하고 있는 현장을 찾아 가기도 하고 인근 부동산사무소 중개사님에게 문의도 하여 부동산사무소 소장님이 3군데 시공업체를 소개해 주셨고, 견적도 받아 주셨습니다.

"어차피 저희는 아무것도 몰라요. 소장님께서 정해주세요."

부동산사무소 소장님은 3군데 업체 중에서 제안금액을 제일 저렴하게 제출한 H사를 추천해 주셨습니다.

부동산사무소 소장님 입회하에 '표준민간도급계약서'라는 국가에서 만들었다는 표준계약서로 계약을 하고나니 마음도 든든하였습니다.

부동산사무소 소장님과 권양숙 씨와 남편, H사의 윤사장님은 계약을 마무리하였고 권양숙 씨는 H사 사장님께 앞으로 잘 부탁드린다는 의미에서 수원왕갈비에서 저녁을 대접하였습니다.

계약을 하면서 계약금10%는 계좌이체로 바로 입금해 드렸습니다.

이 때 놓친 것이 있는 줄은 꿈에도 생각 못 했습니다

H사의 이름으로 착공계가 관청에 접수가 되었고, 며칠 후 예정된 착공 날이 되었습니다.

권양숙 씨는 아침부터 설레는 마음으로 상가주택부지에 나가

보았습니다.

하지만 권양숙 씨의 예상과 달리 현장에는 아무도 없었습니다.

'내가 너무 일찍 나왔나?'하는 생각을 하며 기다렸으나 점심때가 가까워졌는데도 아무도 나타나지 않았습니다.

권양숙씨는 핸드폰에 저장되어 있던 H사의 윤사장님께 전화를 하였습니다.

몇 번의 신호음이 들리고 윤사장님이 전화를 받으셨습니다.

"아, 사장님 안녕하세요? 권양숙입니다."

"아, 네. 사모님."

"사장님. 오늘 착공일인데 작업자들이 안 보여서요."

"아, 네 사모님. 작업자 오늘 안 가는데요."

"네? 오늘이 착공일이잖아요?"

"사모님. 착수금을 보내주셔야죠. 착수금을 주셔야 작업을 시작하죠."

"네? 전에 계약금 드렸잖아요."

"그건 계약금이고요. 착수금을 주셔야 돼요. 그래야 착수를 하는 거예요."

"아, 그래요? 착수금은 얼마나."

"원래 공사비에 10% 받는데요, 설계사무소 소장님이 특별히 소개해주신 분이니까, 5%만 보내주세요. 입금되면 바로 작업 진행해요."

"어유. 감사합니다. 입금하고 바로 문자드릴게요"

착수금 입금 후 가슴 졸이며 착수일을 기다렸습니다.

착수일 날 아침이 되어 아침 일찍 현장을 가보니 우려와는 달리 땅을 파는 장비와 측량을 하는 사람 3~4명이 분주하게 움직이고 있었습니다.

오후에는 골조공사에 쓰는 자재들이 들어와서 제법 현장이 공사현장 같은 느낌이 납니다.

얼마 후 현장소장이라는 분한테서 전화가 왔습니다.

"사모님 여기 외부비계는 사장님께서 건축주 분께 따로 돈 받아야 한다고 하는데요. 언제 넣어 주실 거예요?"

"네? 외부비계가 뭔데요?"

"네? 아~ 네. 건물 벽체 세울 때 작업하기 위해서 임시로 세워 놓는 발판 같은 거예요. 그거 없으면 작업 못해요."

"네? 그거 따로 돈 드려야 돼요?"

"네. 사장님이 그러시던데요."

며칠 뒤

"사모님. 현장소장입니다."

"아, 네, 소장님"

"사모님, 4층 주인세대에 다락 만드실 꺼예요?"

"네, 왜요?"

"다락은 금액에 포함 안 되어 있는데요?"

"네? 무슨 말씀이세요? 설계 때부터 있었던 건데요."

"그건 모르겠고요. 암튼 다락은 품이 많이 들어가는 작업이라 돈 더 주셔야 돼요~"

한 달 뒤
"사모님, 자재 샘플 가져왔는데 현장 한번 오시죠?"
"네, 바로 갈게요"
"이게 외벽 벽돌, 이게 석재, 이게 타일."
"어마? 벽돌이 왜 이리 색이 달라요? 뭐 발라놓은 것처럼 덕지덕지 붙어있고, 이 타일은 너무 싸구려 같은 느낌인데요."
"사모님, 저희가 견적 제출할 때 반영된 자재들은 이것들이에요. 다른 거 하시려면 추가비 주셔야 해요"

세면대, 변기, 창문, 벽지, 장판, 현관문 등등 모든 자재마다 이런 식으로 추가비가 든다고 얘기하고 견적 때는 그랬다고 하니, 당초 계약 된 공사비보다 50%에 육박하는 비용이 추가비용으로 지급되었고, 최종 공사금액은 처음에 견적을 받았던 3개 업체 중에 가장 비싼 업체의 금액보다도 훨씬 높은 금액으로 마무리 되었습니다.

왜 이렇게 되었을까요?
사실 공사업자들은 건축주와 말 몇 마디 나누어보면 이 사람이 건축에 대해서 아는 사람인지 아무것도 모르는 사람인지 금방 알아차립니다.

돈 앞에는 장사 없고, 부모형제간에도 속고 속이는데 하물며 남인데요.

건축에 대해서 아무것도 모르는 건축주는 시공자 입장에서는 그야말로 퍼도 퍼도 계속 꿀이 나오는 꿀단지입니다. 소위 '꿀 빨았다'고 하죠.

먼저 여기 건축주이신 권양숙 씨가 처음 실수하신 것은 계약금을 입금할 때 '공사이행보증금'이나 '공사이행보증증권'을 받지 않으신 것입니다.

*공사이행보증서 : 공사 계약시 계약상대자가 계약의무를 이행하지 못할 경우, 계약상대자를 대신하여 계약상의 의무를 이행할 것을 보증하되, 이를 보증한 기관이 의무를 이행하지 않는 경우에는 일정금액을 납부할 것을 보증하는 증서를 말한다.

[출처 : 한경 경제용어사전]

공사이행보증금 또는 보증증권을 수령하게 되면, 만약 시공자가 공사를 이행하지 않더라도 이행보증증권 등에 명기된 금액(통상 공사비의 10%) 안에서 보증서를 발부한 곳에서 건축주에게 지급을 한 후 보증서를 발부한 곳은 시공사로부터 그 금액을 받는 제도입니다.

그러므로 건축주는 공사이행보증서를 받아 놓으면 최소한의 안전장치가 되는 것입니다. 그리고 시공자 측에서는 공사이행보증서를 제출해 놓으면 어짜피 그 금액만큼 돈이 나가게 되고 행정제재도 당하는 것을 알기 때문에 계약을 이행할 수밖에 없게 됩니다.

 두 번째 실수하신 것은 공사비가 추가로 나간다고 얘기를 할 경우입니다. 실무적인 경험이 없으신 이론만 아시는 분들은 '공사계약을 하기 전에 포함되어야 하는 사항을 미리미리 확인하여 계약서에 상세하게 적어놓아야 합니다. 그래서 계약서가 중요한 것입니다.'라고 아주 편하게 말씀하십니다.
 하지만 용어도 생소하고 무슨 말인지도 모르겠는 사항에 대해서 상세하게 적어놓을 수도 없을 뿐더러 상세하게 적는다고 하더라도 두수 세수 위에 있는 건축업자가 마음먹고 나온다면 당할 수밖에 없습니다.

 이런 경우는 크게 두 가지로 나누어 볼 수 있는데,

첫 번째는 공사범위에 대한 사항입니다.
 위 사례에서 다락의 포함여부, 주차장의 포함여부, 필로티 하부 공간 포함여부, 조경포함여부, 가구, 가전제품의 포함여부 등 공사범위에 대해서 추가공사비를 요청할 경우에 대한 대비책은 의외로 간단합니다.
 계약서에 도면을 첨부하여 계약서와 함께 날인하십시오. 그리고 계약서에 문구 하나만 주의 깊게 써 놓으십시오.

'첨부된 도면에 포함된 일체의 사항을 포함하며, 도면에 명기되지 아니하였더라도 그 기능을 발현하기 위하여 필요한 사항이라면 그 또한 포함되는 것으로 한다. 또한 공사비가 증액될 것이 명백할 경우에는 공사 착수 전 건축주에게 서면으로 보고하고 상호 협의하여 확정된 후 공사에 착수한다.'

일반적으로 민간도급계약서라고 표기된 계약서를 많이 사용하고 있습니다만 위 계약서를 맹신하여서는 안 됩니다. 꼭 필요한 내용은 별도로 명기하여야 합니다.

두 번째는 자재에 대한 사항입니다.
시공자가 저가의 자재를 제시하고 그 품질 이상의 자재에 대해서는 추가로 돈이 더 필요하다고 하는 경우입니다.
이러한 문제가 발생되는 이유는 일반적으로 설계도면에는 'PVC창호', '자기질타일', 'WOOD DOOR'처럼 재료의 이름만 적혀 있고, 생산자나 모델명, 제품의 품질을 알 수 있는 사항이 적혀 있지 않습니다.
예를 들어 타일의 경우에 ㎡당 1만원도 안 되는 중국산 제품부터 몇 십만 원이 되는 이태리산 타일도 있습니다.
중국산 저가 타일이나 이태리산 고급 타일이나 설계도면에는 '타일'이라고 써 있습니다.

민간건설공사 표준도급계약서

1. 공 사 명 :

2. 공사장소 :

3. 착공년월일   :   20   년   월   일

4. 준공예정년월일 :   20   년   월   일

5. 계약금액 : 일금   원정 (부가가치세 별도)

  (노무비1) : 일금   원정, 부가가치세 일금   원정)

 1) 건설산업기본법 제88조제2항, 동시행령 제84제1항 규정에 의하여 산출한 노임

6. 계 약 금 : 일금   별지참조   원정

7. 선   금 : 일금   별지참조   원정(계약 체결 후 00일 이내 지급)

8. 기성부분금 : (   )월에 1회 – 별지참조

9. 지급자재의 품목 및 수량

10. 하자담보책임(복합공종인 경우 공종별로 구분 기재)

공종	공종별계약금액	하자보수보증금율(%) 및 금액	하자담보책임기간
		( ) % 원정	
		( ) % 원정	
		( ) % 원정	

11. 지체상금율 :

12. 대가지급 지연 이자율 :

13. 기타사항 :

도급인과 수급인은 합의에 따라 붙임의 계약문서에 의하여 계약을 체결하고, 신의에 따라 성실히 계약상의 의무를 이행할 것을 확약하며, 이 계약의 증거로서 계약문서를 2통 작성하여 각 1통씩 보관한다.

붙임서류 : 1. 민간건설공사 도급계약 일반조건 1부

          2. 공사계약특수조건 1부

          3. 설계서 및 산출내역서 1부

20   년   월   일

도 급 인   수 급 인

주소   주소

성명   성명

먼저, 건축주가 하셔야 하는 사항은 처음 금액을 공사비를 결정하고 견적을 받고 시공자를 선정할 때부터 건축주가 마음에 드는, 이미 지어져 있는 동일 종류의 건물(주택을 짓는다면 주택, 상가를 짓는다면 상가)을 샘플로 제시하면서 계약서에는 '마감사양은 **주택과 동일하거나 동등이상으로 한다.'라고 쓰기만 하면(아파트의 모델하우스의 개념) 자재로 인한 웬 만한 공사비 증액은 말 하지 못할 것입니다. 아니 도리어 시공자가 찾아와서 부탁을 하게 되는 상황을 겪으실 수도 있을 것입니다.

그런데, 이 글을 읽고 계신 독자분 중에서 이미 계약서를 작성하였거나 공사를 진행 중에 이런 일을 겪으시고 계신다면 할 수 없이 다른 방법을 써야합니다.

시공자가 저가의 자재를 제시하면서 내가 원하는 품질의 자재를 쓰려면 돈을 더 달라고 나오는 상황이라면, 시공자에게 시공자가 제시한 자재(저가의 자재)의 공사비에 해당하는 만큼의 공사비를 공제하고, 내가 직접 자재를 사주겠다고 하십시오. 차선의 선택이지만 시공자에게는 추가적으로 돈을 뜯어 낼 수 있는 구실이 사라지게 되는 것이고, 이후의 공사 진행에서는 시공자도 신중하게 제안하게 될 것입니다. 왜냐하면 건축주에게 공제된 저가의 자재금액에도 시공자의 이윤이 녹아 있기 때문입니다.

대체 공사는 언제 끝나는 거지?
(이천 판넬 공장)

이천에서 판넬 자재 생산 공장을 하는 최사장님은 최근 몇 년 사이에 이천, 용인지역에 물류창고가 많이 지어 지면서 돈을 꽤 많이 모으셨습니다.

10여 년간 남의 건물에서 세 들어 살면서 공장을 운영하셨기에 몇 년 전부터 본인의 자가 공장을 가지고 싶어 하셨는데 마침 지금 있는 공장 인근에 적당한 크기의 땅이 나와서 매입을 하셨습니다.

장장 2년에 걸쳐서 천신만고 끝에 산지전용허가, 농지전용허가 등 개발행위허가와 건축허가를 받았습니다.(인허가 관련 내용의 5장을 참조하기 바랍니다.)

2년에 걸친 허가기간 동안 고생도 많이 하였지만 이것저것, 여기저기 쫓아다니면서 준전문가가 되었다고 자신감도 생기게 되었습니다.

설계사무소에서 받은 도면을 들고 주변에 알고 지내던 사람들에게 수소문해서 공장과 창고를 많이 지었다는 K건설사를 소개받았고 K건설사 회장님과 만나서 얘기도 나누어보고 K건설사 회장님이 개발사업으로 돈 번 얘기도 들으면서 친분을 쌓았고, 돈도 많은 회장님이니 믿을 만 하다는 확신이 들어서 공사를 맡기게 되었습니다.

공사를 착공하기 전에 시공사에서 착공서류를 정리하여 착공신고를 하여야 하는데 예정보다 차일피일 늦어지고 있었습니다. 본업인 창고사업이 바쁘게 돌아가고 있어서 전화상으로 시공사 담당자에게 얘기를 전해 듣고 있었는데, '안전관리계획서를 산업안전공단에서 보완을 받아서 14일정도 지연될 것 같습니다.' '지붕이 PEB구조인데 이 경우 특수구조심의를 받아야 해서 시간이 조금 걸립니다.' 라는 얘기를 들었습니다.

대체 뭔 얘기인지 알 수가 없습니다. 'PEB는 뭐야, 특수구조? 내 공장에 특수구조가 있나?'

답답한 마음에 시공사 담당자에게 물어봐도 바쁘다며 잘 알려주지 않고, 동네에서 집장사를 하는 아는 동생에게 물어봐도 장황하게 떠들어 댈 뿐 잘 모르는 것 같고,

주변에 이렇게 사람이 없었던가? 하는 생각이 들 때쯤에 시공

사 직원으로부터 연락이 왔습니다.

"사장님. 착공필증 받았습니다. 이제 공사 들어가도 됩니다."
일단 안심은 되었지만 마음 한구석에 걱정이 들게 되었습니다.
'내년 6월에는 여기 공장 비워주고 그리로 이사 가야하는데. 처음에 공사가 8개월 정도 걸린다고 했는데 벌써 한 달 까먹었으니. 7개월 만에 끝낼 수 있어야 할 텐데.'
불안한 마음은 들었지만 어쨌든 공사가 들어갔으니 최대한 빨리 하겠지 라고 생각하면서 불안감을 달래었습니다.

공사를 시작하고 측량을 다시 하고 건물자리를 잡고 예전 '전'으로 되어 있던 밭은 흙을 메우고, '임'으로 되어 있던 산지는 나무를 자르고 뿌리도 캐내고(벌개제근) 하면서 한달여가 지나서 건물바닥이 나왔습니다.
드디어 건물 기초를 만드는 골조작업을 시작하였습니다. 철근도 배근하고, 거푸집도 만들고 이제 콘크리트(레미콘)을 부어 넣을 때가 되었는데.

겨울철 한파가 몰아쳤습니다.

현장에서 전화가 와서 당분간 날이 풀릴 때까지 콘크리트 타설을 하지 못한다는 연락이었습니다. 새벽에는 영하10도 밑으로 내려가는 추위에서 콘크리트를 치면 강도가 나오지 않는 답니다.

건물에 문제가 있다는데 하라고 할 수도 없습니다.

날이 풀릴 때마다 간간히 공사를 진행하였지만 추위에 작업자들도 나오지 않고, 날씨도 도와주지 않아 3월에 접어들어 봄철이 되었는데 아직도 골조공사가 반도 진행되지 못하였습니다.

시간이 지나 초여름이 되었습니다. 공사는 계속 진행되었지만 처음 계획했던 것보다는 거의 2개월이 지연되고 있었습니다.

기존에 있던 공장에서 이사를 나가야 하는 6월이 왔지만 아직 공사는 끝나지 않았습니다.
건물 지붕과 외벽을 시공할 때가 되었는데, 장마가 시작되었습니다.
지붕과 외벽은 외부공사라 비가 오면 일을 할 수가 없습니다.

결국 장마가 지나고 7월 8월 두 달 만에 마무리 공사를 서둘러서 하고 사용승인을 받아 9월에야 이사를 하게 되었습니다.

9월에 공장 장비를 세팅하고 10월에야 생산에 들어가게 되었는데. 이미 6월부터 기존 공장은 비워주었고 4개월 동안 공장을 돌리지 못하였습니다.
그 4개월 사이에 기존 거래처들은 기다리다 지쳐서 다른 공장에 일감을 주게 되어 반 이상의 거래처를 잃게 되었습니다.

그로 인한 손해는 계산을 할 수 없는 지경에 이르게 되었습니다.

왜 이렇게 되었을까요?

첫 번째로 건축주 주위에 건축주의 이사날짜, 자금사정 등의 제반사정을 인지하고 건설사업 전반에 걸쳐 전체적인 관리를 할 능력이 있는 사업관리자(PM 또는 CM) 역할을 할 수 있는 조력자가 없었습니다.

부지를 매입하는 것은 차치하고라도 관련 인허가와 설계를 진행하는 것들을 평생 제조업을 하셨던 최사장님께서 생전 처음으로 관청을 찾아다니고, 해당하는 일을 진행하는 용역사를 찾고, 설계가 잘 되었는지 확인하고, 시공사를 찾고, 공사가 제대로 진행되고 있는지 까지 확인하고 공사를 마무리한다는 것은 현실적으로 불가능한 일입니다.

그리고 그 리스크는 경제적인 손실로 즉각적으로 다가오게 됩니다.

*CM : Construction Management(건설사업관리)의 약자.
건설 사업이 성공할 수 있도록 공사 전체를 관리하는 선진화된 건설 서비스다. 건축주 입장을 반영해 사업계획부터 설계 발주 시공 준공까지 원가, 공사기간, 품질 등을 종합 관리하는 '컨트롤 타워' 역할을 하는 것이다.

[출처 : 한경 경제용어사전]

두 번째는 지체보상금 등 공사가 지연되었을 때 건축주가 시공사에게 어필할 수 있는 여러 가지 방법들이 있는데 이를 알지 못해 활용하지 못한 것입니다.

실제로 일반적인 기업 대 기업으로 진행하는 건설공사에서 시공사는 공사기간을 지키는 것에 대해 말 그대로 목숨을 겁니다.
가장 큰 이유는 지체보상금 때문입니다.

지체보상금이란 시공사가 지정된 사용승인(준공) 날짜를 지키지 못했을 경우에 그 익일부터 잔여공사금액의 1/1000이나 3/1000의 금액을 현금으로 건축주에게 주는 것을 말합니다.
예를 들어 잔여공사가 10억원이면 하루에 100만원~300만원을 매일 건축주에게 송금하여야 합니다. 한 달이면 3000만원~9000만원의 돈이 되고 위 사례에서처럼 3개월이라면 9000만원~2억7천만원의 돈을 지체보상금으로 지불해야 합니다.

기업 대 기업이 공사계약을 하고 공사를 진행하다가 공사기간을 넘기게 되면 이러한 지체보상금을 내는 것을 서로 알고 있기 때문에 공사기간은 무슨 일이 있어도 지키려고 합니다만, 개인이 진행하는 공사의 경우는 어떻습니까?
지체보상금이라는 말을 알지도 못할뿐더러 개인적인 친분이나 바쁘다는 핑계 등으로 지나쳐 버리다 보니 소규모 건설업자들이 별로 신경을 쓰지 않고 대수롭지 않게 여기게 된 것입니다.

공사가 약간 지연되는 느낌을 받게 되면 농담조로라도 '지체보상금 받아야겠는데?'라는 말을 툭 던져보십시오. 다음 날부터 작업자 숫자가 달라질 것입니다.

청천벽력! 내 집이
사용승인(준공)이 날 수 없다고?
(용인 다가구주택)

27년차 회사원 최성빈 씨는 직장생활을 하면서 늘 월세가 안정적으로 나올 수 있는 자신만의 원룸 건물을 만들고 회사를 퇴직하는 것이 평생의 소원이었습니다.

서울에 원룸건물을 짓고 싶었지만 너무 비싼 서울땅값에 엄두를 못 내고 있던 차에 가까운 용인에 좋은 부지를 찾게 되어 약 150평정도 되는 다가구용 부지를 매입하였습니다.

땅 값은 서울과 비교하여 1/4도 되지 않는 금액이었지만 월세로 받는 금액은 서울의 변두리와 비슷한 수준으로 형성되어 있는 지역으로 수익률만 보았을 때 서울보다 훨씬 메리트가 있는 지역이었습니다.

용인에 위치한 부지이므로 용인에 위치한 설계사무실 중에 성실한 소장님이 운영하는 곳을 찾아 설계를 마무리하고 드디어 평생의 목표였던 월세수익이 나오는 원룸건물을 착공하게 되었습니다.

회사업무가 바쁜 중에도 출근 전, 퇴근 후의 시간과 주말시간을 이용하여 꾸준히 공사현장도 방문하였고 건축주가 결정해야 할 여러 가지 사항들 – 도배지, 타일, 외장재, 바닥재, 석공사 자재, 창문색상, 문짝디자인 등 – 도 혹시나 공사 진행에 지장을 줄까봐 미리미리 알아보아 결정해 주었습니다.

드디어 공사가 완료되고 설계사무소와 시공자가 사용승인(준공)에 필요한 각종 필증들을 모으고 서류들을 작성하여 구청에 사용승인신청서를 접수하였습니다.

사용승인서류를 접수한 후 얼마 지나지 않아 구청에서 지정한 사용검사 대행자(제3건축사 또는 특검)가 현장에 나와서 건물 여기저기를 확인한 후 돌아갔습니다.

다음 날 설계사무소 소장님에게서 전화가 왔습니다.
"사장님, 이거 어떻게 하죠?"
최성빈 씨는 가슴이 덜컥 내려앉았습니다.
'공사 중에도 말도 없이 안 나오는 작업자들, 제때 들어오지 않아 말썽이던 자재들, 자기마음대로 공사하려는 시공자를 상대로 갖가지 마음고생을 한 끝에 드디어 사용승인서류를 접수하였는데, 또 무슨 일이란 말인가'

"무슨 일이신데요?"

"특검이 현재 상태로는 완료확인을 해줄 수 없다고 합니다."

"네? 그게 무슨 말이에요? 자세하게 좀 말씀해 보세요."

최성빈 씨는 눈앞이 깜깜해 지는 느낌이 들었습니다.

"특검이 그러는데 첫 번째로 건물이 대지경계선에 너무 붙어서 지어져 있고, 두 번째로 계단 폭이 기준보다 작게 되어 있고, 세 번째로 복도의 폭도 일부구간이 건축법규보다 작게 지어져 있답니다. 그리고 마지막으로 주차장이 규정 폭보다 작게 형성이 되어 있다고 합니다."

"찬찬히 설명 좀 해주세요. 그게 무슨 뜻인지 하나도 모르겠어요."

"첫 번째인 건물이 대지경계선과 너무 붙어 있다는 건 용인시 조례에는 건물과 대지경계선이 1m이상 떨어져 있어야 하는데 90cm밖에 되지 않고요"

"네. 그리고요."

"두 번째인 계단 폭이 좁다는 것은 건축법에 1.2m이상이 확보되어야 하는데 1cm정도 모자란다고 하고요. 세 번째는 복도폭인데요. 다가구주택은 복도폭이 1.2m이상 확보되어야하는데 일부구간에서 약간 모자란다고 합니다."

"그리고 우리 건물은 주차장이 1층 필로티하부 기둥사이에 있는데요. 기둥과 기둥사이가 2.3m × 3개 = 6.9m(주차장 폭 : 2019년 3월 21일부터 2.5m × 5m로 개정 시행됨) 가 확보되어야 하는데 기둥과 기둥사이 폭이 도면보다 작게 시공되어 있어서 주차법규를 만족하지 못한다고 합니다."

최성빈 씨는 머릿속이 아득해 지는 것을 느꼈습니다.

다음 날 최성빈 씨는 지역모임에 같이 참석하면서 알게 된 건축 CM이라고 하는 조대표에게 전화를 걸어서 자문을 구하였습니다.
"주차장이 제일 난감하긴 합니다만 네 가지 모두 방법이 있으니 너무 걱정하지 마세요."
"주차장이 제일 난감하다는 건 무슨 얘기여?"
"다른 사항들은 돈과 시간을 들이면 해결이 가능한데요, 기둥과 기둥사이의 공간은 폭을 넓히기가 굉장히 곤란합니다."
"자세히 좀 얘기해 달라니까?"

"첫 번째로 건물이 대지경계선과 너무 붙어 있다는 것의 해결책은 지금 되어 있는 석재마감을 떼어내고 스타코나 페인트로 마무리하면 10cm이상 확보가 가능할 것이고요."
"그리고?"
"두 번째인 계단 폭이 건축법에 1.2m이상이 확보되어야 하는데 1cm정도 모자란다고 한 것은 계단 타일을 떼어내고 페인트로 칠하면 됩니다. 타일이 1cm가 약간 넘으니까요"
"그리고 또."
"세 번째 복도 폭인데요. 복도폭이 1.2m이상 확보되어야 하는 부분도 복도 양쪽 타일마감을 떼어내고 최대한 줄이면 2~3cm정도 더 확보 할 수 있습니다."

"그런데 주차장 폭이 좁은 문제는 건물을 떠받치고 있는 기둥에 대한 문제여서요."

"그럼 어떻게 하지?"

"주차장 건은 도면을 좀 봐야 답이 나올 것 같습니다. 내일 사무실에서 잠시 뵙죠."

다음 날, 뜬눈으로 밤을 지새운 최성빈 씨는 아침 일찍 조대표의 사무실로 찾아 갔습니다. 이른 시간이었지만 체면이나 남 사정 생각할 때가 아니었습니다.

"조대표. 어떻게, 도면을 보니 답이 좀 나오는가?"

"네. 시간과 돈이 조금 들어가겠지만 다행이 해결책이 있을 것 같습니다."

조대표가 내어놓은 해결책은 구조검토를 통해 정사각형의 기둥의 일부 잘라내어 주차장 폭을 확보하고 주차장에 면하지 않는 쪽의 기둥면을 확대하는 보강공사를 하는 것이었습니다.

위 4가지 공사를 진행하는 것은 조대표에게 일임하였고, 조대표는 기존의 시공자를 진두지휘하여 20여일 만에 모두 완료하였습니다. 시공사 사장도 자신이 저지른 실수에 대하여 해결책이 떠오르지 않아 고민하고 미안해하던 중에 해결책을 제시하여 공사를 마무리할 수 있도록 해준 조대표에게 감사의 말을 전했고 보강공사에 투입된 추가비용은 청구하지 않았습니다.

며칠 후 사용승인검사도 무사히 마무리 되었으며, 건물이 위치가 좋은 곳에 자리 잡고 있어서 사용승인 후 두 달이 되기도 전에 세입자들이 모두 들어와서 최성빈사장님은 가슴을 쓸어내렸습니다.

지금은 월세를 받으면서 회사생활을 하기에 27년 전 회사에 입사한 이래로 가장 마음 편한 직장생활을 하고 계십니다.

비가 오지도 않는데 물이 새네.
(서울 관악구 단독주택)

건축공사를 하는 데에 있어서 두 가지만 잘 되면 부실공사라는 말은 듣지 않습니다. 바로 누수와 균열입니다.

집을 새로 지었는데 비만 오면 물이 새거나 바닥, 벽이 갈라져 있다면 새집이라고 할 수 있을까요?

어느 날 후배에게 전화가 왔습니다. 이 후배의 부모님은 서울 관악구에서 낡은 단독주택에 살고 계셨는데 후배의 권유로 낡은 단독주택을 철거하고 신축공사를 하였답니다.

시공자는 타일도매를 하는 사장님인데 타일을 취급하다 보니 어깨 너머로 건축현장이 어떻게 흘러가는지 대략의 감이 생겼고, 후배의 부모님은 그 타일 사장님의 해박한(?) 지식에 감탄하며 단독주택 공사를 맡기게 되었다고 합니다.

우여곡절을 겪으며 5개월로 예정되었던 공사를 9개월 만에 끝냈고 후배 부모님은 한시름 놨다고 생각하고 '괜히 집짓는 일에 나섰다'며 다시는 안한다고 생각하셨습니다. 후배는 자신이 권한 일로 부모님이 고생하시게 되어 마음이 편치 않은 상태였습니다.

그런데 공사가 끝난 지 얼마 지나지 않아 2층으로 올라가는 계단옆 천정도배지가 색이 조금씩 변하면서 물방울이 맺히기 시작하더니 똑똑 떨어지기 시작하였습니다. 같은 현상은 안방 천정에서도 발생하고 있었습니다.

천정에 붙어 있는 몰딩도 군데군데 뜨기 시작하더니 길이 1~2m 정도씩 떨어지기 시작하였고, 마당에서 집으로 들어올 때 밟고 들어오는 석재도 밑으로 꺼져 들어가고 있었습니다.

그리고 화장실은 타일이 떨어졌는데 떨어진 쪽에는 사선으로 균열이 생기고 있었습니다.

후배의 어머니를 가장 괴롭힌 것은 싱크대에서 나오는 하수구 냄새였습니다.

후배의 전화를 받고 날짜를 잡아 필자와 후배가 부모님 집을 방문하였습니다.

원인을 살펴보았습니다. 계단 옆 천정에서 물이 떨어지는 원인은 천정 위가 2층의 테라스가 배치되어 있었고 테라스의 바닥구배(물이 흘러내려가기 위해 배수구 쪽으로 기울어서 바닥을 조성하는 것)가

전혀 없어서 인조잔디를 깔아 놓은 밑에 물이 흥건이 고여 있었으며, 고인물은 갈 곳을 찾다가 미세하게 생긴 바닥균열을 타고 밑으로 흘러내린 것이었습니다.

안방 천정의 물새는 원인도 2층 작은방 앞에 발코니를 조성하였는데 그 발코니의 바닥에 구배가 없다보니 비가 온 후에도 한참동안 물이 고여 있다가(마치 수조처럼) 바닥균열을 타고 흘러 다니다가 안방의 천정에서 떨어진 것이었습니다.

화장실의 타일의 경우는 시멘트벽돌로 화장실벽체가 설계되어 있었는데 그 두께가 너무 얇아서(6cm) 타일이 붙어 있는 화장실 벽의 반대쪽에 그림을 걸기 위해 못질을 여러 번 하다 보니 벽체가 흔들려서 타일이 떨어진 것이었습니다.

일반 사람들이 보기에는 튼튼한 골조 벽처럼 보이지만 실재로는 시멘트벽돌을 1개씩 쌓아 올리고 미장을 한 것으로 아무 힘도 받지 못하는 벽체입니다.

그리고 마당에서 한없이 흙 속으로 꺼져 내려가고 있는 발디딤용 석재는 시공할 때 건물골조와 연결하여 콘크리트 턱을 만든 후 그 위에 석재를 올려놓았어야 하는데 맨땅위에 올려 놓으니 밑으로 한없이 내려가는 것이었습니다.

어머니를 계속 괴롭혔던 하수구 냄새도 실은 별거 아닌 것인데 시공자가 몰라서, 혹은 신경 쓰지 않아서 발생한 것이었습니다.

하수구 배관과 싱크대에서 물이 내려오는 주름관의 크기가 다른 상태에서 설비 작업자가 아무런 조치도 하지 않고 꽂아 놓기만 한 것입니다. 하수배관이 그대로 집안에 노출이 되어 있으니 하수구 냄새가 나는 것은 당연한 결과였습니다.

다행이 이런 사항들이 큰돈이 들어가는 공사는 아니어서 보름 만에 모든 조치를 할 수 있었고 후배는 많이 고마워했습니다. 부모님께 죄송한 마음이 조금은 나아졌다고 하면서요.

이 후배도 그렇지만 대부분의 건축주들이 공사 전이나 설계하기 전에는 건축사업 전반에 걸친 전문가의 필요성에 대해 크게 인지하지 못합니다. 아니 그런 것이 있는지도 모르죠. 그리고 설령 알게 된다고 하더라도 건축주의 옆에서 자리 잡고 있는 시공사대표나 설계사 소장님들이 없어도 된다고, 자기가 해주겠다고 합니다.

그런데 생각을 해보십시오. 시공자와 설계사무소는 건축주에게 어떻게 하던지 돈을 빼먹어야 하는 사람들인데(물론 정직한 시공자와 설계사 소장님도 있습니다.) 건축전반에 대해서 아는 사람이 건축주 옆에 있으면서 건축주 편을 들게 되면 돈을 빼먹기가 쉽겠습니까?

공사가 마무리되고 여기 후배도 그런 말을 하더군요.
"형님 말을 들을 걸 그랬어요. 설계하는 소장님도 시공을 하셨던 타일사장님도 자기들이 다 알아서 해 줄 건데 뭐 하러 그러냐고."

결국 공사기간도 공사비도 예상을 훨씬 넘어서 끝났다고.

그로 인해 돈도 많이 들었지만 부모님 마음고생 하시게 한 것이 더 마음 아프다고.

*건축 관련 업무 분장

CM : 건축주를 대신해서 설계사선정/관리, 인허가진행관리, 시공사선정/관리 등 건설사업 전반에 걸친 일을 대행하는 사람. 특히 공사기간과 공사비를 중점 관리.

감리 : 설계도면과 시방서대로 시공자가 공사를 하는지 확인하는 일을 수행.

설계사 : 관련법규에 맞는 설계도면, 시방서를 작성하고 인허가를 수행.

시공사 : 설계도면과 시방서 등을 그대로 건축물로 구현하는 일을 수행.

간혹 CM일과 감리일을 혼동하는 경우가 있는데요, CM은 '건축주 대행자'이고 감리는 공사가 설계도와 부합하는지를 확인하는 사람입니다.

도면이야, 예술이야.
공사비 생각 않는 설계도면
(인천 병원건물)

인천에서 오랜 기간 산부인과 병원을 운영하시던 이원장님은 오랫동안 한 건물에서 병원을 운영하고 계셨습니다.

워낙에 꼼꼼하고 책임감도 강하고 서글서글한 인상에 산모들이 앞 다투어 진료를 받으셔서 병원은 예약을 하지 않으면 진료를 받지 못하는 상태였습니다.

그러다 보니 병원건물 주인이 매년 임대료를 올리게 되었고 나중에는 감당할 수 없을 정도의 임대료를 요구하였습니다.

이원장님은 평소에도 산모들이 아기를 낳고 마음 편하게 지낼 수 있는 조용하고 깔끔한 공간을 만들고 싶다는 생각을 하고 계셨는데, 이번 기회에 내 건물을 짓고 나가야겠다고 결심하셨습니다.

의대 여자동기 중에 남편이 설계사무소를 하는 동기가 있다고 하여 의대 동기 남편이니 아주 믿을 만 하다고 생각하고 설계를 부탁하였습니다.

얼마 뒤 정말정말 마음에 쏙 드는 도면과 조감도가 나왔습니다.

조감도의 건물을 보니 누구라도 반할만한 건물이고 이 건물을 산모들과 아기들이 이용한다면 산모들과 아기들에게도 큰 선물이 되겠구나 생각하니 가슴이 뛰었습니다.

설계를 하기 전에 공사비 예산금액도 설계사무소 소장님에게 알려 줬고 그 분야 전문가이시니 알아서 해 주셨겠거니 생각하였습니다.

설계사무소 소장님께서 시공사 5군데를 추천하여 주었습니다.

그런데 5군데 시공사가 모두 예산금액보다 150%이상의 견적금액을 제시하였습니다.

설계사무소 소장님에게 물어보아도 이유를 알 수 없다고 하셨고, 시공사 사장님들을 만나보아도 다들 그 금액 이하로는 할 수 없다고 얘기합니다.

문득 의대를 같이 졸업하고 개업한 동기 중에 처남이 건축 관련 일을 한다는 친구가 생각났습니다. 그 친구도 얼마 전 병원건물을 지은 친구였습니다.

"어 정원장 요즘 잘 지내지?"

"어~ 이원장 오랜만이다~ 저번에 병원건물 짓는다고 한 거는 잘 돼 가고 있어?"

"안 그래도 그것 때문에 전화한건데, 정원장 처남이 건축 일을 한다고 했지?"

"어. 지금 L그룹 CM본부에 팀장으로 있는데. 왜?"

"어 물어볼 것이 있는데 소개 좀 시켜줄 수 있을까?"

"그래. 알아볼게."

며칠 후 주말을 이용해서 이원장은 산부인과 병원에서 친구의 처남과 만나게 되었습니다.

"안녕하세요? 원장님, 얘기는 매형에게 전해 들었습니다. 도면과 견적서를 좀 볼 수 있을까요?"

"아, 네. 여기요"

조감도를 보고 처남은 감탄했습니다.

"와, 멋있습니다. 외관이 층마다 파도치듯 각각 따로 되어 있네요."

견적서를 본 후

"견적서도 크게 문제가 없는데요? 5군데 중에 2군데는 이윤을 많이 봐서 금액이 좀 과한 것 같고, 1곳은 아이템이 너무 많이 누락이 되어 있어서 나중에 추가공사비를 요구할 것 같고. 음, 여기 2곳 중에 선정하면 큰 문제없을 것으로 보여집니다. 계약 전에 세부사항은 면밀히 봐야겠지만."

"그게 문제가 아니고요."

"그럼 무슨 문제죠?"

"설계도면 그리기 전에 설계사무소 소장님한테 예산이 00억원이니 거기에 맞춰달라고 했었는데요. 시공사 견적서 중에서 제일 낮은 금액도 000억원이잖아요."

"네? 이 도면과 조감도에 나온 건물이 00억원으로 가능하다고요?"

처남은 설계사에서 줬다는 예상 공사비 자료를 보았습니다.

"원장님. 이 예상 공사비는 주변에 흔히 볼 수 있는 네모반듯한 7층짜리 근린생활시설, 상가건물의 공사비예요. 이 병원건물의 조감도는 거의 예술품인데, 그걸 여기다 적용하면 될 수가 없습니다."

"아니에요. 설계사무소 소장님이 된다고 하셨어요."

그 후 처남은 이원장님 소개로 설계사무소 소장님과도 만나고, 시공사 부사장님과도 만나고 공사비절감을 위해서는 설계에서 일정부분 포기를 해야 한다고 계속 얘기를 했지만, 이원장님은 이미 그 조감도에 꽂히셨고, 설계사무소 소장님이 공사를 하다보면 자기가 얘기한 금액으로 맞춰질 테니까 자기만 믿으라고, 일단 착공부터 하자고 하셨습니다.

시공사와 계약은 일단 가계약을 하고 공사를 진행하면서 공사비를 서로 합의하에 조정하면서 진행하는 것으로 하였습니다.

"조팀장님. 그동안 애써 주셔서 고마워요. 걱정하는 바는 잘 알겠는데요, 나는 내가 이해가 되는 선이면 공사비가 조금 더 들어가더라도 수용하고 갈 생각이에요. 그동안 고마웠어요."

"아, 네. 그러면 잘 마무리되시길 바랍니다."

안 그래도 회사업무 끝난 저녁시간이나 주말시간에 시간을 내는 것도 몸이 힘들어진 상태이고 해야 될 것과 요구하는 것이 점점 많아져서 벅차던 참인데, 잘 마무리되었으면 좋겠다고 생각하면서 헤어졌습니다.

1년 뒤 매형이 동생들과의 골프자리에 처남을 초대해서 같이 운동을 하게 되었는데.

"처남. 전에 만났던 그 이원장 기억하지?"

"아, 네, 매형. 어떻게 잘 마무리 되셨어요?"

"어, 공사는 끝나고 이전 개원까지 했는데, 요즘 병원보다 법원에 가는 시간이 더 많다네?"

"네? 그게 무슨 말이세요?

"공사비가 너무 많이 나와서 시공사하고 소송하고 있데"

얘기를 들으니 결국 공사비는 처음 제시되었던 견적금액을 상회하여 투입되었고 그로 인해 법적 다툼까지 간 것이었습니다.

처남의 생각에는 시공사가 얘기한 금액이 거의 맞을 거다 라고 생각하였습니다. 설계사무소소장님이 설계를 너무 예술적으로 하셨어 라고.

허가접수가 늦어져서
건물 한 동이 날아간 사연
(이천 다가구주택)

　수도권 인근에 거주하는 김양수사장은 할아버지 때부터 그 지역에 살고 있었습니다. 예전에는 한적한 곳이었지만 도시가 발전하고 커지면서 7~8년 전부터 김양수사장 집 주변에도 다가구 원룸 건물이 들어서기 시작하더니 김양수사장 집과 창고부지를 제외하고는 주변이 다가구 원룸 건물들로 둘러싸인 형국이 되었습니다.

　김양수사장의 집과 창고부지는 그 지역에서도 접근성이나 인지성 등이 가장 좋은 특A급지였으나 김양수사장은 자신이 하고 있는 사업이 잘 되고 있었기에 그동안 주변 친구들이나 지인들이 모두 자신들 소유의 땅에 다가구 원룸을 지을 때도 지켜보기만 하였습니다.

　무던히 자신의 사업만 하던 김양수사장도 주변에서 계속 다가구 원룸 건물을 지으라는 권유의 얘기를 듣고, 또 주변 친구들이나 선후배들이 다가구 원룸에서 나오는 수익으로 마음 편하게 지내는 것을 보고 부인과 상의하여 드디어 2017년 10월에 결심을 하고 같은 모임에 있는 고등학교 선배인 설계사무소 소장님에게 설계를 의뢰하였습니다.

한 달 반 만에 설계가 완성이 되었고, 김양수사장이 살고 있는 집을 그대로 두고, 창고부지와 자투리 땅 만으로도 120평가량의 다가구 원룸건물 3동이 들어 설 수 있었습니다.

김양수사장과 부인은 다가구 원룸 3동만 있으면 노후는 물론이고, 이제 힘들게 사업을 더 하지 않아도 되겠다는 꿈에 부풀었습니다.

12월초에 설계가 완료되었고 2018년 봄부터 공사를 시작하면 2019년부터는 월세수익으로만도 편하게 살 수 있게 되었다고 생각하고 있었습니다.

"어, 형. 설계 다 되었으면 허가 받아야 되지 않아?"
"어, 그래, 양수야. 곧 접수할 꺼야."

며칠이 지나도 연락이 없어서 평소 무던한 김양수사장도 조바심이 나서 다시 연락을 하였습니다.
"형. 언제 접수할 꺼야?"

"어, 형이 12월 말에 미국에 유학 가 있는 첫째한테 좀 다녀와야 돼서. 갔다 와서 바로 할게. 걱정 마."

그렇게 2017년이 지나고 2018년 1월이 되었습니다.
미국에 다녀온 설계사무소 소장님은 귀국하고 바로 김양수사장의 다가구 원룸건물 허가접수부터 서둘렀습니다.

며칠 후
"야, 양수야. 이거 어떡하냐."
"왜 형. 뭐가 잘 못 됐어?"
"야, 주차장 설치기준이 바뀌어서 주차대수가 모자란다."
"그게 무슨 얘기야?
"어. 올해부터 주차대수가 1세대당 1대로 바뀌어서 적용된데."
"뭐? 그럼 어떻게 되는 거야?"
"작년에 도면 그릴 때는 1세대당 0.7대여서 120평 3개동이 가능했는데. 1세대당 1대로 바뀌어서 150평짜리 2개동만 가능한데."
"아니, 그게 말이 돼? 그걸 몰랐다고?"
"아니 시행되는 건 알았는데, 우리지역은 적용 안 되는 걸로 얘기되고 있었거든."

김양수사장의 원래 계획은 세 개동 중에 한 동의 부지를 팔아, 나머지 두 개 동의 건축비를 충당하여 두 개 동을 보유하며 임대사업을 하는 것이었는데, 결국에는 두 동 중 한 동만 보유하고, 나머지 한 동의 부지를 팔아야 하는 상황이 되었습니다.

다가구 한 동이 날아가는 상황이 생기게 된 것입니다.

그 나머지 한 동의 부지를 우연찮은 기회로 필자가 매입하게 되었고 필자는 김양수사장의 사정을 전해 듣고 필자가 다가구 원룸을 지으면서 김양수사장의 다가구 원룸 건물도 원가로 지어주었습니다.

필자도 옆에서 보고 듣지 않았으면 '정말 그런 일이 있을까' 하는 믿지 못할 이야기였습니다.

김양수 사장은 요즘도 가끔 이런 얘기 저런 얘기를 나눌 때 그때 얘기를 합니다. 그때 한 달만 빨리 허가접수 했어도 다가구 건물 두 동을 가질 수 있었다고.

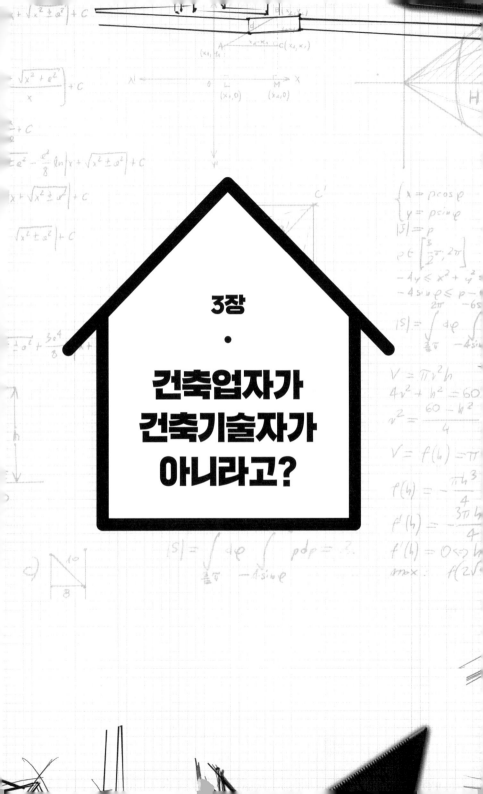

3장

•

건축업자가 건축기술자가 아니라고?

건축업자가
건축기술자가 아니라고?

    독자 여러분은 주위에 건축을 하는 분들을 몇 분이나 알고 계시나요? 제가 건축을 전공하고 졸업한 후에 건설회사와 CM(건설사업관리)회사를 다니면서 느낀 점이, 건축에 대해서 한마디씩 할 수 있는 사람들이 참 많다는 것이었습니다.

    사실 건축이라는 것이 인간이 생활을 시작한 먼 옛날부터 자연스럽게 체득한 것이기에 다들 기본적인 상식선에서의 지식은 가지고 있는 것이 당연하다고 생각이 됩니다.

    하지만 기술적인 지식과 노하우가 반영된 현대식의 건축물이라면, 그 건축물을 짓는 사람은 당연히 건축을 공부한 기술자여야 하지 않을까요?

    그런데, 아닙니다. 독자 여러분들께서 주위에 알고 계시는 건축업자 중에 건축을 전공한 기술자는 별로 없습니다.

용인에서 다가구 원룸 건물을 50여 채 지은 박사장님이라는 건
축업자분이 계십니다. 주위에서 싸게 지어준다고 소문이 나서 몇
년 전까지만 해도 여러 사람들이 건물을 지어달라고 부탁을 했었
습니다.
하지만 지금은 그런 의뢰가 들어오지 않아서 직접 땅을 사서 다
가구 원룸 건물을 지어서 파시는 일을 하고 있습니다.
요즘에는 왜 의뢰가 들어오지 않을까요?
기존에 의뢰 받아 지어준 건물들이 창틀이 안 맞아서 문이 안
닫히고, 비만 오면 물이 새고, 물도 잘 안 빠지고, 하수관은 역류
해서 물이 넘치고, 타일은 떠서 깨지고.
소문이 나서 의뢰가 들어오지 않습니다.

박사장님은 원래 부동산중개인이셨습니다.
부동산중개인을 하면서 주위에서 건물 짓는 것을 많이 보다보
니 자기도 할 수 있겠다 싶어서 한 동 두 동 짓다보니 의뢰를 받게
되어 그 길로 나서셨습니다.
당연히 철근배근이 왜 그렇게 되어야 하는지, 레미콘은 왜 그렇
게 쳐야 하는지, 방수는 왜 그렇게 되어야 하는지, 설비배관은 왜
그렇게 되어야 하는지에 대한 기술적인 지식이 없다보니 원칙을
지켜야 하는 것과 대충해도 되는 것에 대한 경계가 모호하고 이는
부실공사로 이어지게 되었습니다.

이분께 건물 의뢰를 하신 분들은 싸게 지어준다는 말에 일생에 한번 짓는 건물을 부실시공의 애물단지로 만들고 말았습니다.

이천, 경기도 광주지역에서 빌라를 지어서 분양하는 건축업을 하는 김회장님이라는 건축업자분은 동대문시장에서 옷 장사를 크게 하시던 분이셨습니다. 고향인 광주 오포지역이 빌라붐이 일어나는 시점에 김회장님이 물려받은 경기도 광주 땅 주위에 빌라들이 많이 들어서는 것을 보시고 장사를 접고 빌라를 지어서 분양을 하셨습니다. 분양은 잘 되어 다시 땅을 사서 빌라를 짓고 분양을 하고, 이천지역까지 진출하셨습니다.

이분께서 지으신 빌라는 철근, 레미콘 등 골조공사비를 아끼시려고 층고를 낮추다보니 바닥에 층간소음완충재와 기포콘크리트를 줄이셨습니다.

당연히 분양을 받은 입주민들은 층간소음에 시달리고 계십니다. 이 빌라를 분양받은 분들은 자신들의 집을 지은 사람이 건축기술자가 아니고 동대문시장에서 옷 장사를 하시던 분이란 것을 알고 계실까요?

(옷장사 하는 것을 폄하하는 것은 아닙니다. 건축과 거리가 있다는 말씀을 드리는 것이니 오해하지 말아주시기 바랍니다.)

그리고 건축과 관련하여 강의나 강연을 하는 건축, 디벨로퍼(시행)분들이 계십니다. 이 분들 중에 대다수가 건축기술자가 아니라는 사실이 아이러니합니다.

개발사업에 대한 사업성이나 수지분석 등은 당연히 경제관련 전공자의 전문 영역이나, 경제전문가, 법 전문가분들이 건축설계나 시공에 대해서 대중들에게 강의를 하는 것은 용인의 다가구 건축업자 박사장님이나 광주의 빌라 건축업자 김회장님과 다르지 않다고 봅니다.

약은 약사에게,
병은 의사에게, 건축은?

왜 이런 일이 발생하는 것일까요?

약은 약사에게, 병은 의사에게, 라는 말이 있습니다.

그리고 안경점은 안경사 자격을 취득하신 분들만 차릴 수 있습니다. 변호사사무소, 법무사사무소, 세무사사무소, 변리사사무소, 회계사사무소 등등

모두 국가에서 정한 해당분야 국가자격 – 변호사, 법무사, 세무사, 변리사, 회계사 – 을 취득하여야 차릴 수 있습니다.

하지만,

건설회사는 아닙니다.

'돈'만 있으면 차릴 수 있습니다.

'건축시공기술사'라는 국가자격 면허가 존재하지만, '돈'만 있으면 '건축시공기술사'자격면허가 없어도 차릴 수 있습니다.

위와 같이 건축공사업 면허를 취득할 때 회사 대표가 '기술사', 또는 '기술자'여야 하는 기준이 없습니다. 병원이나 약국, 안경점, 미용실 등은 원장이 자격면허가 있어야 가능하죠.

자본금 5억원이 있는 사람이면 누구나 차릴 수 있습니다.

소속기술자가 5인이 있어야 하므로 기술력은 확보된다고 하지만 초급3인, 중급2인이 있으면 됩니다. 초급기술자와 중급기술자는 경력 4년~10년 정도의 기술자이고, 오너인 대표가 지시를 하면 기술적인 내용을 설명하여 반영할 위치는 아닙니다.

아이러니 하지 않습니까? 부실시공, 안전 불감증이다 뭐다 언론에서 연일 사건 사고가 뉴스로 나오지만, 국민의 안전이 달린 '건축물의 시공'은 무자격자, 무면허자가 차린 회사가 짓고 있다는 것이.

우리나라 대학에서 건축을 전공하고 관련 자격면허를 취득한 대다수의 건축기술자들은 졸업 후에 대형건설회사에 입사를 하게 됩니다.

20여 년을 건설회사에 다니며 관공서에서 발주한 정부공사, 토지주택공사 등 공기업에서 발주한 공사나 기업에서 발주한 규모가 최소 몇 백억씩 하는 공사현장에서 일하게 됩니다.

공사의 규모가 크다 보니 세분화된 각각의 업무를 맡아서 진행하게 되고 경력이 20년은 지나야 전체 현장을 보는 눈이 생기게 됩니다.

또 대학을 나온 건축기술자들을 대형회사에서 모두 흡수하다보니 소규모로 단독주택이나 상가주택, 소규모 상가건물을 지으려는 일반 건축주들에게는 이들이 보이지 않습니다.

이런 이유로 소규모 건축을 하는 건축현장에서는 그들을 찾아볼 수가 없고, 그 빈자리를 앞에서 얘기한 것처럼 부동산업자들이나 자영업으로 돈을 번 비전문가들이 채우고 있는 것입니다.

10만원 짜리 안경을 사더라도 전문자격증을 취득한 안경사가 있는 안경점에 가서 검사를 받고 사야 되는데, 전 재산이 투입이 되는 건축을 무자격자, 무면허자에게 맡길 수 밖에 없는 것이 대한민국의 현실입니다.

건축기술자들이 대형건설회사에서 20~30년 근무한 후 퇴직을 하여도 그들은 주택이나 상가 등 소규모 건축시장에 들어 갈 수가 없습니다.

기득권을 가지고 있는 무자격, 무면허 건축업자들이 일을 하는 방식과 건축기술자들이 일을 하는 방식은 완전히 다르기 때문에 생리가 맞지 않아 같이 일을 할 수 없고, 또 개인적으로 건축사업을 할 경우에는 제대로 된 건축기술을 적용하느라 단가 경쟁이 안 되어 수주를 할 수가 없습니다. 그래서 자연 도태됩니다.

예를 들면, 건축기술자들은 공사를 진행할 때, 설계도면을 보고 공사에 투입이 되는 모든 자재들과 장비를 눈에 보이는 수량으로 환산을 한 다음 수백 개의 아이템 단가를 조사하여 공사비를 산출합니다.

하지만 우리 주변의 무자격, 무면허 공사업자들은 골조공사는 평당 얼마, 설비는 평당 얼마 하는 식으로 공사비를 산출합니다.

도면마다, 건물마다 투입되는 양이 모두 다른 데도 불구하고 이런 식으로 공사비를 정하여 계약하다 보니 공사 중에, 또는 공사 끝나고 돈을 더 달라는 분쟁이 생기게 됩니다.

뒤에 얘기하겠지만 초기에는 설계도면이 없기 때문에 공사비가 얼마정도 들어갈지 추정을 하기 위해서 각각의 평당가로 산정을 하는 것은 맞습니다. 대형건설회사에서도 그렇게 합니다. 하지만 공사에 착수하기 위한 계약서를 작성할 때 나오는 공사비는 이렇게 주먹구구식으로 산출하여서는 반드시 분쟁이 생기게 됩니다.

또한 기술적인 면에서 보면, 건축기술자들은 설계도면에 그려져 있는 많은 것들이 '왜' 그렇게 그려져 있는지를 알고 있습니다.

예를 들면 기초공사를 할 때 '왜' 그 깊이까지 파야하는지(동결심도), 철근을 배근할 때 끝마무리가 '왜' 휘어져서 다른 쪽에 엮여 있는지(정착), 방수공사 할 때 모서리부분을 '왜' 치켜 올리고 바닥은 '왜' 기울기(구배)를 주는지, 블록을 쌓을 때 '왜' 철근을 엮어서 넣는지(보강블록), 하수배관은 '왜' S자로 꺾여 있는지(트랩), 난간의 높이는 '왜' 저 높이로 하는지(건축법) 등등

모양이나 기능 때문이 아니고 건축물은 '왜' 그렇게 되어야 부실시공이 안 되는지를 이론적으로 알고 있기 때문에 '감히' 겁이 나서 아니, 몸에 배어 있어서 마음대로 수정하지 못합니다.

> * 동결심도
> 흙 속의 물이 어는(freezing) 동결층과 미동결층의 경계가 되는 곳까지의 지반 깊이를 동결심도라고 한다. frost line, frost depth라고도 한다. 동결심도는 그 지역의 기온, 토질, 습윤 상태, 지하수 위치 등에 따라 그 깊이가 달라진다. 지하시설물 설치 시 동파방지를 위하여 동결심도 이하로 매설하여야 한다. NFPA에서는 지하에 매설되는 관 상부로부터 지면까지의 깊이가 동결 깊이보다 30cm 이상 되도록 규정하고 있다.
>
> [출처 : 지형 공간정보체계 용어사전]

> * 정착
> 정착(anchorage)은 철근 끝이 콘크리트에서 빠져나오지 않도록 고정하

는 것을 말한다. 정착의 방법은 철근 끝을 좀 더 연장해서 콘크리트에 매입시키는 것(정착 길이를 주는 방법), 갈고리에 의한 방법이 대표적이다. 그 외에 확대머리 이형철근을 사용하는 방법도 있다

[출처 : 위키백과]

* 구배

비탈길이나 지붕 등 경사면의 기운 정도를 말하는데, 기울어 있는 면과 수평면 사이의 각의 tan 값이나 sin 값을 이용하여 나타낸다.

특별히 지붕에 대해서는 '물매', 비탈길 등의 구배는 '기울기'라고도 한다.

[출처 : 두산백과]

* 보강블럭

철근으로 보강한 콘크리트 블록 구조로, 공동(空洞) 콘크리트 블록을 쌓아서 내력벽을 만든다.

[출처 : 건축용어사전]

*트랩

배수관의 악취의 역류를 막기 위한 장치. 관의 일부를 'U' 자, 'S' 자 따

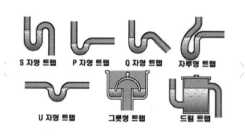

하지만 건축기술자가 아닌 무자격, 무면허 건축업자들은 '왜' 도면에 그렇게 되어 있는지 이유를 알지 못합니다. 아니 도면을 볼 줄 모르는 건축업자도 많이 있습니다.

이유를 알지 못하니까 마음대로 변형하고, 쉽게 공사를 하게 됩니다. 당연히 공사원가는 내려가게 됩니다. 여기에 건축기술자들이 무자격, 무면허 건축업자들과의 단가경쟁력에서 떨어지는 이유가 있습니다.

관련된 사람들이
누가 어떤 일을 하는지 확인하라.

건축기술자라고 해도 각기 맡은 분야가 다르고 하는 일 또는 전문분야가 따로 있다는 사실을 알고 계십니까?

의사의 경우 내과, 안과, 피부과, 이비인후과, 외과와 같이 전문분야가 따로 있고 내과 전문의가 안과 환자를 진료하지 않는 것처럼 건축분야도 똑같습니다. 물론 내과전문의가 일반인보다는 안과에 대해서 많이 알겠지만 안과환자가 일부러 내과를 찾진 않습니다.

누가 설명하지 않아도 눈이 아프면 안과에 갑니다. 하지만 건축기술자의 전문분야와 맡은 일을 일반 사람들이 알지 못하기에 눈이 아픈 사람이 내과에 가는 일이 발생하게 됩니다.

건축기술자의 종류는 설계도면을 그리고 건축인허가를 전문영역으로 하는 '건축사', 설계도면 중에서 건물의 골조를 설계하는 전문가인 '구조기술사', 설계도면을 건축물로 현실에 구현하는 전문가인 '시공기술사', 설계도면대로 시공이 진행되는가를 확인하는 전문가인 '감리', 건축주 대행자로서 설계, 인허가, 구조설계, 시공, 감리, 공사기간준수, 공사비관리, 계약관리가 건축주의 의도대로 진행되는가를 총괄적으로 관리하는 전문가인 '건설사업관리자 CM'으로 나누어집니다.

* 건축의 전문분야

건축사 : 설계도면, 건축인허가

구조기술사 : 골조설계

시공기술사 : 설계도면을 건축물로 현실에 구현

감리 : 설계도면대로 시공이 진행되는가를 확인(감리는 CM이 아님)

건설사업관리자 CM : 건축주 대행자로서 총괄적으로 관리

우리가 평소에 쉽게 볼 수 있는 건축설계사무소 소장님은 바로 '건축사'입니다. 다시 말하면 설계, 인허가 전문가입니다.

그런데 일반인들은 건축에도 전문분야가 있다는 사실을 모르시기 때문에 시공, 구조, 공사기간관리 등 모든 사항을 설계, 인허가 전문가인 '건축사'에게 물어봅니다. 물론 '건축사'분들이 적어도 건축을 전공하지 않은 비전공자들보다는 건축에 대해서 많이 알기는 하겠습니다만, 내과의사가 눈이 아픈 환자에게 조언하는 정도다 라고 생각하면 될 것 같습니다.

건축을 계획하는 건축주들에게 다른 분야의 전문가들을 만날 수 있는 경로가 거의 없는 것 같습니다.

특히 건설사업관리자 CM은 소규모 건축공사의 건축주들에게 정말로 필요한 업무영역이라고 생각됩니다.

건설관련분야에 있지 않은 사람들에게 잘 알려져 있지는 않지만 개인이 아닌 대다수의 기업집단은 자신들의 회사에서 사옥이나, 오피스, 연구센터, 물류센터 등을 건축할 때 건설사업관리(CM)를 전문으로 하는 회사들과 높은 가격으로 계약을 맺고 건설사업 전반에 걸친 업무를 위임합니다.

잘 모르는 분야인데다 관련된 법령도 여러 가지이고, 경험이 없으면 시행착오를 겪게 되는데 건축공사의 경우 투입되는 돈의 규모가 상당하기 때문에 별도의 대가(FEE)를 지불하더라도 안전하게 하고 싶은 것입니다.

*국내 CM회사 순위 (2018년)

1위 삼우CM건축

2위 희림종합건축

3위 건원엔지니어링

4위 행림종합건축

5위 무영CM건축

우수한 두뇌의 수많은 직원을 거느린 기업집단도 건축사업에서는 이렇게 신중하게 접근하는데도 소규모건축을 생각하는 일반 건축주들은 주위의 지인들을 통해서 설계자, 시공자를 선정하는 등 너무 안일하게 접근을 하는 것이 안타까운 마음이 듭니다.

기업이든 개인이든 건축공사는 거의 전 재산이 들어가는 일인데 말입니다.

필자는 K그룹의 설계팀에 입사를 하여 설계와 인허가 담당으로 4년여 근무하고, 같은 회사의 시공담당으로 '생산기술연구원 연구센터', '교직원공제회 호텔' 등의 건설현장에서 약 10년간 근무하였으며, L그룹의 건설사업관리(CM)본부에서 광명, 이천, 부여의 아울렛사업, 부산의 백화점사업, 이천의 물류센터사업, 놀이공원사업 등에서 부지매입단계의 사업성검토, 설계관리, 인허가, 시공관리, 공사비관리, 공사기간관리 등 사업전반의 업무를 총괄하는 PM, CM으로 근무를 하였습니다. 현재는 건설사업관리 국내1위 회사에 근무하고 있으며, 개인적으로도 부지를 매입하여 다가구주택, 도시형생활주택, 단독주택 등의 건축사업을 진행하였습니다.

20여 년이 넘게 건축 관련 업무를 경험한 필자로써도 개인적으로 다가구주택, 도시형생활주택, 단독주택 등 소규모 건축사업을 진행할 때에 당혹스러운 때가 있었습니다.

앞에 언급한대로 제가 20여 년간 상대해온 건설회사, 또 그 건설회사에 속해 있던 하도급업체들의 업무방식과 무자격, 무면허 건축업자들에게 길들여져 있는 소규모공사 작업자들의 업무방식은 그야말로 완전히 다른 세상이었습니다.

처음 몇 번은 그들의 말에 따라야 하는 줄 알았습니다. 로마에 왔으니 로마의 법에 따라야 하는가, 하고요.
하지만 곧 깨달았습니다. 그들이 틀렸다는 것을.

부동산업자, 시장상인을 하다가 건축일을 하게 된 공사업자들에게 일을 받아 작업을 하던 그들의 방식은 이론적 바탕은 물론, 기본도 준수하지 않는 작업들 투성이었습니다.
작업할 당시에는 빠르고 쉽게 진행되어 마치 무언가 있는 듯 했지만, 조금의 시간이 지나게 되면 건축주에게는 도리어 큰 시간적 손해, 금전적 손해가 된다는 것을 알게 되기까지 그리 오랜 시간이 걸리지 않았습니다.

처음 소규모건축에 발 딛을 때만 해도 제가 20여 년 동안 했던 업무방식(대형건설사의 방식)과 건축업자의 업무방식의 접점 또는 경계선, 즉 어느 부분을 기존 알던 방식(대형건설사의 방식)으로 해야 하고, 또 어디까지를 건축업자의 방식을 적용해야 하는지 파악하고자 하였으나 그 생각은 틀린 생각이었습니다.
그냥 그들이 틀린 것이었습니다.

4장
·
건축의
모든 문제는
해결할 수 있다.

건축주로 의식을
전환하라

대부분의 건축주들은 건축이 처음입니다. 물론 두 번 세 번의 경험을 가진 건축주들도 있겠지만 건축이라는 것이 돈이 많이 들어가는, 거의 전 재산이 들어가는 일이다 보니 두 번 세 번의 경험을 갖는다는 것은 흔하지 않은 일입니다.

건축주들이 하는 일들 또한 다양합니다. 회사원, 자영업, 영업직, 제조업 등 제각기 다른, 다양한 직업을 가지고 있습니다.

그런데 말입니다.

평범한 사회생활을 하며 평생을 살아왔던 사람의 사고방식은 '건축주'라는 신분에서는 맞지 않는 사고방식입니다.

'건축주'는 '최고의사결정권자'입니다.

설계자, 시공자, 현장작업자, 자재납품자, 장비운전사, 철물점 사장님까지도 '건축주'에게 '무언가'를 결정해 달라고 요청합니다. 그것도 순서를 정해서 물어보는 것이 아니고 계속 번갈아 가면서 물어봅니다.

"문은 어느 방향으로 낼까요?"

"방은 몇 개나 있으면 되나요? 화장실은요?"

"외벽마감은 뭐로 할까요?"

"타일색깔은요? 크기는요?"

"싱크대 물 나오는 쪽을 왼쪽에 둘까요? 오른쪽에 둘까요?"

"난간은 봐 두신 건 있으시죠?"

끝도 없이 이어지는 질문들 중에서 그전에 생각이라도 해 봤던 것은 거의 없다. '그런 것도 건축주가 결정해야 하는 건가?' 라는 생각이 문득 문득 들게 됩니다.

생각하기 귀찮아서, 몰라서, 바빠서

"알아서 해주세요"라고 말하거나

'알아서 해주겠지'라고 생각하는 순간 당신은 이 책 2장에 나오는 '집짓다 10년 늙는 사례'의 주인공이 되어 있게 됩니다. 결국 모든 책임은 '건축주'인 당신이 책임지게 되어 있습니다. 아무도 대신해 주지 않습니다.

건축주는 오케스트라의 지휘자와 마찬가지로 자신이 계획하는 건축공사에 적합한 설계자, 시공자, 자재 등을 심사, 결정하고 이들이 원만하고 유기적으로 각자 맡은 일들을 진행할 수 있도록 하며, 분야별 전문가들이 의견의 차이를 보일 때 적절한 대안을 제시하거나 최종결정을 내리는 역할을 해야 합니다.

또 적절한 시기에 해당 담당자를 투입하도록 하여 선행되는 작업이 후행되는 작업에 피해를 주지 않도록 조절해 주어야 하고, 변경사항이 발생되면 최대한 빠른 시간 내에 결정을 내려줘야 합니다.

예를 들어 설계시에 선정하였던 외벽의 벽돌자재가 생산이 지연되거나 품절이 되었다면 시공자로 하여금 유사한 가격과 품질의 벽돌자재 샘플을 준비하게 하고 설계사무소 소장을 불러서 설계상 또는 관련법규나 구조적으로 문제가 없는지 확인을 해야 하며, 샘플 자재가 실제 시공된 건물을 방문하는 등 최종 결정을 내려 주어야 합니다.

다른 예를 들면 겨울철 공사시에 필로티 하부의 주차장 바닥마감을 할 때 기온이 급격하게 내려가서 도면에 설계된 콘크리트 포장을 할 수 없게 되는 경우가 생기게 되면 대안으로 아스콘(아스팔트)을 할 것인지, 보도블록으로 변경할 것인지, 아니면 날이 따뜻해지기를 기다렸다가 원 설계대로 공사를 할 것인지를 설계자와 시공자, 현장작업자와 협의하여 최종 판단을 해 주어야 합니다.

그리고 공사 중간에 실의 배치나 용도를 바꾸는 등 설계변경이 필요한 경우가 생길 수 있습니다.

이럴 때도 '건축주'는 관련된 전문가들과 작업자들과 협의를 진행하여 결정을 하여야 하는데 이 결정은 자재의 사전준비 등 공사 기간에 영향을 미치지 않도록 하여야 합니다.

결정이 늦어지게 되면 혹시 있을지 모르는 공사지연시에 시공자에게 말꼬리를 잡혀 책임이 전가될 수 있는 빌미를 주게 됩니다.

이렇듯이 '건축주'의 역할은 최고결정권자이자, 코디네이션을 해야 하는 코디네이터의 역할을 해야 하는 데 평범한 생을 살아온 대부분의 사람들은 평생에 접해보지 못한 위치입니다.

그러다 보니 회사원, 자영업자, 제조업 종사자와 같은 일반인의 습성상 누군가에게 의지를 하고 싶고, 누군가에게 보고를 하고 어떻게 해야 하는지 지침을 받고 싶고 의지할 수 있는 누군가가 있었으면 하는 생각을 하게 됩니다.

그 의지하는 대상이 2장의 사례에 나오는 악덕 건축업자라면 2장에 나오는 건축주와 같은 일을 당하게 됩니다.

건물신축현장에서
문제의 종류

당연하게도 문제가 생기는 데에는 이유가 있습니다. 그렇다면 건물신축현장에서 문제란 어떤 것이고 이유는 무엇일까요?

건물 신축현장에서의 문제 상황은 첫 번째로 공사비 증가, 두 번째 공사기간 증가, 세 번째 부실시공, 네 번째 안전사고입니다.

첫 번째의 공사비 증가는 처음에 생각했던 '돈'보다 더 많은 돈이 지불되는 것입니다.

기업들이 건설회사와 계약을 하고 건물을 지을 때는 예비비라는 항목을 집어넣습니다.

통상 전체 공사비의 3%나 5% 정도를 책정하는데요, 여러 차례 공사를 진행한 경험이 있는 기업이라면 공사 중에 공사비는 늘어나지 절대로 줄어들지는 않는다는 것을 알기 때문에 공사 중에 설계변경이나 어떠한 사유로 인하여 공사비가 증가되더라도 당황하지 않고 즉시 대응하기 위해서 처음부터 예비비를 확보하는 것입니다.

일반 개인인 건축주들도 공사비 외에 3%~5% 정도의 여유자금은 남겨놓고 공사를 진행하서서 피치 못할 설계변경이나 예상치 못했던 추가비용에 대처하기 바랍니다.

이러한 설계변경이나 추가비용은 어느 공사현장에서나 있는 일이기 때문에 이해하고 넘어가야하는 것입니다만, 개인이 건축주인 공사현장에서는 상식적이지 않은 방식으로 공사비가 늘어나게 되는 경우가 많이 있습니다.

2장의 사례에서도 언급되었지만 건축주가 건축에 대해서 모른다는 것을 이용해서 시공자가 추가적인 공사비를 요구하는 일이 비일비재합니다.

계약을 할 때는 포함이 안 되어 있었기 때문에 돈을 더 주셔야합니다 라든지, 지금 공사비로는 중국산 저가 자재밖에 쓰지 못합니다. 또는 설계도면에 빠져 있었으니 하시려면 돈을 더 주셔야합니다. 등등 이유도 많고 핑계도 많습니다.

이들의 요구에 건축주는 속수무책 당할 수 밖에 없다는 것을 이들은 잘 알고 있습니다. 돈을 안주면 작업자를 투입하지 않고 애를 태우거나 작업자가 나오더라도 한 명 두 명 나와서 일하는 시늉만 하고 연락도 잘 안 받는 등 건축주의 애간장을 태우게 하기도 합니다.

그리고 이 때 즈음에는 벌써 시공자가 이미 건축주로 하여금 자기밖에 믿을 사람이 없다는 세뇌를 계속 한 이후이기 때문에 건축주는 '이 사람이 일을 안 해 주면 나는 어떡해 하지'라는 생각을 할 때이므로 시공자의 요구대로 돈을 주게 됩니다.

두 번째 문제사항은 공사기간 증가입니다.

공사기간은 줄여서 '공기'라고도 흔히 말하는데요, 공사할 때 가장 중요한 관리 포인트가 바로 '공기와 공사비'입니다. 이 두 가지만 잘 관리해도 90%는 성공한 건물신축입니다.

일반적으로 기업이 대형건설회사와 계약을 맺고 공사를 할 때에는 공기에 대한 걱정은 건축주가 아니고 건설회사가 하게 됩니다.

계약서에 여러 가지 문항으로 건설회사가 공사기간을 준수하지 못했을 경우 어찌어찌한다는 여러 가지 페널티조항을 써 넣습니다.

계약을 한 후부터는 이러한 계약조건들에 의해서 건축주는 철저하게 '갑'의 위치에, 건설회사는 '을'의 위치에 놓이게 됩니다. '상호 동등한 위치에서~'라는 말은 그냥 말에 지나지 않습니다.

하지만 소규모 건축공사의 경우는 정반대의 상황이 발생합니다. 계약을 함과 동시에 시공사는 철저하게 '갑'의 위치로, 건축주는 '을'의 위치로 자리이동하게 됩니다.

몇 가지 이유를 보면 첫 번째 이유가 시공자는 계약의 당사자인 건축주가 자신들이 아니면 다른 대안이 없다는 것을 알고 있기 때문입니다. 계약 후 건물 기초바닥공사라도 진행하였다면 그야말로 빼도 박도 못하게 시공자에게 끌려 다닐 수 밖에 없습니다. 독자 여러분은 시공자가 작업자를 며칠이고 안 보내면 어떻게 하실건지요? 딱히 생각나는 방법 있으십니까?

분명 이들 간의 계약서에도 공사기간을 지키지 못할 경우의 페널티조항이 분명히 있는데도 건축주는 그 문구가 어떤 뜻인지를 모르기 때문에 써먹을 수가 없습니다. 이 내용은 5장에서 자세하게 이야기하겠습니다.

그리고 만약 지체의 사유가 시공자에게 있다고 '건축주'가 얘기를 하여도 시공자는 귓등으로 듣습니다. 건축주가 공사를 중단시키면서까지 시공자에게 문제를 제기하지 않을 것이란 것을 그들은 너무 잘 알고 있습니다.

이럴 경우 건축주의 과감하고 단호한 대응이 필요함에도 공사가 늦어지게 될 경우 이사나 임대, 분양 등의 계획이 늦어지는 것이 두려워 그냥 덮어두고 잘 지내보려고 애씁니다. 그러한 건축주의 생각이 더 큰 공사 지연을 초래합니다.

공사기간을 일부러 지연하려는 싹수가 보이면 과감하고 단호하게 잘라버려야 합니다. 건축주의 그러한 단호한 반응은 악덕 시공업자를 성실한 시공자의 모습으로 변화시킵니다.

어떤 시공자와 건축주가 공사지연 및 공사비부당청구로 분쟁을 하였고 법정까지 가서 조정명령이 떨어져서 '시공자는 건축주에게 언제까지 얼마를 지급하라'고 명시된 판결문까지 나왔는데도 정해진 날짜에 지급을 하지 않고 버티는 시공자를 상대하는 건축주를 만난 적이 있습니다. 시공자는 건축주가 생업 때문에 제풀에 지칠 것을 알고 있었습니다. 실제 많은 건축주들이 그런 식으로 액땜했다 치자하고 묻어버립니다. 이럴 때는 말 그대로 끝까지 가야 합니다.

소송을 해서 판결문 받고, 시공자의 재산을 압류하여 경매까지 가더라도 끝까지 간다는 생각으로 시공자를 상대하기 바랍니다. 건축주의 그러한 의지는 말하지 않아도 자연스레 시공자에게 전달되고 온순한 시공자로 변하게 만듭니다.

세 번째 문제는 부실시공에 대한 문제입니다.

가슴 졸이며 시공자 비위맞춰주고, 추가공사비로 돈도 생각보다 많이 나갔는데, 우여곡절 끝에 완성된 내 건물이 비만 오면 여기저기 물이 새고, 방바닥은 내려앉고, 문은 닫히지도 않고, 타일은 떨어지고 하면 정말 환장합니다.

공사비는 이미 다 지급한 상태에서 하자처리 해달라고 시공자에게 전화를 해도 전화도 받지 않습니다. 돈 다 받은 시공자가 무엇 때문에 다시 그 건물에 오겠습니까? 뭐 먹을 거 있다고. 건축주 입장에서는 공사가 끝나고 하자가 생겨 추가적으로 들어가는 돈은 액수와 상관없이 화병 나는 생돈입니다.

5장에 아주 간단하고 기초적이지만 강력한 부실시공에 대응하는 방법을 써 놓았습니다.

네 번째 문제는 안전사고입니다.

웬만한 안전사고는 시공사에서 가입한 산재보험으로 처리가 됩니다만, 요즘은 안전과 관련된 법규가 강화되어 중대 재해의 경우 건축주에게도 책임을 묻는 사례가 증가하고 있는 추세입니다.

현장에서 사망사고와 같은 중대 재해가 발생하게 되면 노동부에서 점검이 나오고 무엇보다도 공사가 중지됩니다. 또 노동부 사고 점검 시에 안전교육미실시, 안전시설물, 보호구착용 등이 법규에 맞지 않게 되어 있다면 공사가 중지되는 기간은 더욱 길어지게 되고 그 피해는 고스라니 건축주에게 돌아옵니다.

피해자에게는 미안하지만 건축주로서 발생되는 손해를 생각하지 않을 수 없습니다. 만약 사고를 당한 작업자가 불법체류외국인일 경우에는 일이 더욱 복잡하게 꼬이게 됩니다. 그런데 소규모 건축현장의 거의 대다수가 불법체류외국인인 것이 사실입니다.

그렇다고 건축주가 시공자에게 불법체류자를 쓰지 말라고 하는 것은 공사하지 말라는 말과 같은 말이기 때문에 통하지 않습니다.

소규모 건축현장에서 안전모 쓰고 일하는 작업자 보신 적 있으신가요? 대형건설사의 현장에서는 안전모, 안전화, 안전대 등은 누가 얘기하지 않아도 당연히 사용하는 기본 장착 아이템같은 것이지만 소규모 건축현장에서는 남의 나라 얘기입니다.

건축주가 할 수 있는 최소한의 안전에 대한 확인사항은 시공자로 하여금 최소한의 안전관련 서류(안전교육, 안전용품지급 등)를 작성하게 하는 것이고, 특히 높은 곳에서 작업을 할 때는 옆에서 지켜보며 안전하게 작업하라고 시공자를 지속적으로 독려하여야 합니다. 혹시라도 안 좋은 일이 생기면 이러한 사소한 말과 행동들이 큰 힘을 발휘합니다.

위 네 가지 문제 상황은 대학에서 건축공학을 전공한 기술자들은 누구나 알고 있는 공사현장 4대 중점관리사항입니다.

하지만 무자격, 무면허 시공자들은 건축기술에 대해서 체계적인 공부를 하지 않았기 때문에 가볍게 생각하고 돈 버는 데에만 신경을 씁니다.

내 건물 지을 때는 무면허, 무자격 시공자에게 맡기지 마시고 꼭 건축기술자에게 의뢰하기 바랍니다.

건물 신축 시 문제가 발생하는
근본적인 이유

　회사원으로서 자신이 속해 있는 분야에서 다년간 많은 업무를 훌륭하게 완수해 나가고 어느 정도 경력이 쌓여 후배들에게도 조언을 해줄 정도의 위치에 오른 회사원이 있습니다.

　또, 이른 나이에 자영업에 뛰어들어 젊어서는 고생을 했지만 어느 정도 시간이 흘러 자리도 잡고 사업을 확장할 정도로 장사수완이 생긴 사장님도 계십니다.

　적어도 이 책을 집어 들어 페이지를 펼쳐보신 분이라면 어느 정도 사회적으로 자리를 잡으시거나 재산상으로 안정적인 상태를 확보하신 분이실 것입니다.

　마찬가지로 대부분의 건축주들은 재산상으로나 사회적인 위치로나 어느 수준 이상의 위치를 확보하신 분들이십니다.

그 자리까지 올라가기 위해, 또는 올라 갈 수 있었던 것은 남들보다 몇 배 더 열심히 살았거나, 남들보다 공부를 많이 했거나, 남들보다 시간을 많이 투자했거나 아니면 물려받은 재산이 많거나 여러 이유가 있었을 것입니다. 확실한 것은 적어도 건물 – 단독주택이든, 상가주택이든, 상가건물이든 – 을 지으려고 마음을 먹은 분들은 보통의 사람들보다는 뛰어난 능력을 가지신 분들이 틀림없습니다.

그런데 아이러니하게도 건물 신축을 생각하는 분들은 어느 수준 이상의 사회적, 지적, 재산적인 지위를 가지신 분들이 맞는데, 건물 신축을 하는 분들 중 많은 사람들이 또 공사업자들에게 당하고 있습니다.

사람들이 건물 신축을 꺼리는 이유 중에 가장 큰 것이 공사업자에게 사기를 당하지 않을까 하는 것입니다. 왜 그럴까요? 실제로 주위에 많은 분들이 공사업자에게 사기를 당하거나 아니면 공사로 인하여 많은 고통을 겪기 때문입니다.

건물 신축시 문제가 발생하는 근본적인 이유를 몇 가지로 정리해 보면,

첫 번째 이유는 건물신축공사는 다른 어떤 일 보다도 돈과 이해관계가 가장 첨예하게 대립이 되는 행위입니다.

가장 큰 이유인데 모두들 '돈' 때문에 모인 사람들이기 때문입니다.

작업자는 오늘 일을 내일로 미루면 일당을 이틀 치를 벌 수 있습니다.

시공자는 자재를 바꿔 공사를 하면 이익이 더 많이 남습니다.

설계자는 남들 도면 두 장 그려 줄 때 한 장 그려주면 돈이 더 남습니다.

장비기사는 한 번에 할 것을 두 번에 나눠서 하면 돈을 두 배로 벌게 됩니다.

그런데, 이 '돈'을 주는 사람이 건축 일에 문외한이라면 이들이 어떻게 행동할까요? 내가 좀 덜 남더라도 건축주를 위해서 '봉사'를 할까요?

상대방이 어떤 생각을 가졌는지 어떤 삶을 살아왔는지 건축주는 알 수 없습니다.

건물 신축을 시작하는 순간 아무도 믿을 수 없는 가장 큰 이유입니다. 누가 먼저라고 라고 할 것 없이 자신의 이익을 먼저 생각합니다.

거의 대부분의 문제가 여기에서 발생합니다.

두 번째 이유는 객관적인 시각으로 보지 못한다는 것입니다.

살면서 이렇게 큰돈이 한꺼번에 왔다 갔다 하는 일을 해본 적이 없기 때문입니다.

몇 백 원짜리 볼펜을 살 때도 가격도 물어보고 써보고 다른 것과 비교도 해봅니다.

몇 십 만 원짜리 카메라를 살 때는 며칠 동안 인터넷으로 이것저것 비교하고 고민합니다.

살면서 가장 크게 돈이 들어가는 자동차를 살 때는 몇 개월 동안 시승도 해보고 친구차도 타보고 견적도 여기저기 받아봅니다.

살고 있는 집을 살 때를 제외하면, 건물을 짓는다는 것은 대부분의 사람들에게 평생에서 가장 큰 거래를 하는 것입니다.

건물 신축을 시작하면 하루에 그랜저 몇 대 값의 돈이 왔다 갔다 합니다. 아니 오지는 않고 가기만 합니다.

정신이 없습니다. 게다가 생각지도 못 했던 돈, 예를 들면 무슨 원인자부담금이 나오고 공사업자로부터 추가비용이 들어간다는 얘기까지 나오면 평정심은 달나라 얘기가 됩니다. 인생경험이 많든, 적든 사회적 위치가 어떻든, 공부를 많이 한 사람이건 아니건, 다 똑같은 느낌을 받습니다. 불안감이 커집니다.

어떤 한 분야에서 지식과 경험이 많은 사람일지라도 그 일이 자신의 일이 되면 늪에 빠져 허우적거리게 됩니다. 늪 밖에서 바라봐야 붙잡고 나올만한 나뭇가지라도 보일 텐데 자기 자신이 빠져 있으니 어우적 대느라 정신이 없어 나뭇가지를 볼 수가 없습니다.

건축분야에 다년간 몸담고 있고, 경험이 많아서 다른 사람에게 조언을 해 줄 수 있는 경험과 지식을 갖춘 사람이라 할지라도 자신이 '건축주'가 되어 자기 일이 되면 객관적인 시각으로 객관적인 판단을 내리지 못하게 됩니다. 아니 건축지식이 일천한 사람보다 더 안 좋은 결정을 하는 경우도 생깁니다.

이유는 바로 많은 '돈'이 움직이기 때문입니다. 말 한마디가 수백, 수천만 원으로 둔갑하여 눈앞에 나타나게 됩니다.

그 불안감으로 인하여 누군가를 의지하고 싶어지고 마침 그 때에 그 건축주 옆에는 시공자가 있습니다. 정직한 시공자를 만났다면 다행이지만 그렇지 않은 시공자를 만나 그에게 의지하기 시작한다면 이 책의 2장에서 나오는 사례의 주인공이 됩니다.

세 번째 이유는 복잡한 관계와 수많은 결정사항들입니다.

우리는 살면서 나와 상대방의 1대1관계나 1:2~3정도에서 관계를 맺게 됩니다.

회사원이라면 많으면 나와 직원의 1대10정도의 관계도 될 수 있고 그 이상이 될 수도 있겠지만 상하관계가 명확하므로 이 경우와는 다릅니다.

회사의 계급장을 떼고 온전한 나, 개인으로서 관계를 맺는 경우에는 상대방이 그리 많지 않은 경우가 대부분입니다. 가령 시장에서 물건을 살 때, 접촉사고가 났을 때, 여행에서 누군가를 알게 되었을 때처럼 나와 상대방이 1대 다수의 경우는 흔치 않습니다.

그런데 건물 신축을 할 때는 나와 상대방이 1대 다수의 관계가 형성됩니다.

처음 땅을 사고 설계를 할 때만해도 부동산중개사나 매도자, 설계사무소 소장님 정도만 상대하면 됩니다.

공사가 시작되면서 점점 많아집니다. 간단하게는 도배지 색깔, 등기구 모양부터 타일, 현관문 디자인, 문틀의 색깔, 화장실 문짝의 디자인, 외벽 자재의 색깔, 창문과 외벽이 만나는 부분의 마감 재질 등등 이루 다 적지 못할 만큼 많은 것을 결정해 주어야 하고, 이것은 또 시공자, 자재업체의 손익과 연결되기 때문에 점점 더 많은 사람들과 복잡한 관계가 형성됩니다. 그것도 다 '돈'에 얽힌 사람들을 말입니다.

시공사 사장님이 모든 일을 알아서 해주시면 다행입니다만 그런 일은 없습니다.

시공사 사장님도 돈을 벌기 위해서 일을 하는 겁니다.

건축은 생각보다
심플하다

수 십 년간 대한민국을 떠받치며 산업화를 이루고 경제를 발전시켜 온 주역들인 베이비부머세대(1955년~1963년 출생자)들의 대다수가 은퇴를 하였거나 은퇴를 준비 중입니다.

경제활동을 하면서 노후대책을 충분히 마련한 일부 베이비부머들은 복잡한 도심을 벗어난 전원주택으로 거처를 옮기거나 그보다 더 여유로운 이들은 서울근교에 세컨하우스로 전원주택을 건축하여 평화롭고 한적한 노후를 즐기고 싶어 합니다.

충분한 노후대책을 마련하지 못한 베이비부머 은퇴자 또는 은퇴예정자들은 노후에 일정하게 들어오는 월세수입을 위하여 다가구주택이나 소규모 상가건물을 건축하기도 합니다.

은퇴를 준비할 나이가 아니더라도 젊은이들 중에서도 각박한 도시의 아파트생활을 탈출하고자 수도권 외곽으로 나가 전원주택 생활을 꿈꾸는 사람이 많아지고 또 비교적 일찍 수익형 부동산을 마련해서 월세수익을 얻고자 다가구원룸이나 소형 상가건물을 건축하는 사람들이 점점 늘어나고 있습니다.

'조물주 위에 건물주'

모든 사람들이 바라는 목표 아닐까요?

인간은 지구에서 살기 시작하면서부터 집을 지어 살았습니다. 학창시절에 국사시간이나 세계사시간에 배운 것을 언급하지 않더라도 모두가 알고 있는 사실입니다.

어린 시절에는 특히 남자아이들은 한두 번쯤은 집짓는 장난이나 모래장난이나 모형 중장비를 가지고 논 기억이 있을 것입니다.

인간에게는 누구나 자신만의 보금자리를 가지는 것이 잠재되어 있는 본능과도 같습니다.

사실 건축이란 것은 생각보다 심플합니다.

마음에 드는 부지를 매입해서 설계사무소에 맡겨 설계도면을 그리고, 시공자를 선정해서 공사를 진행하며 공사가 완료되면 시공자에게 공사비를 지급하고 그 집에 들어가서 살면 되는 것입니다.

뭐 어려울 것이 없습니다.

그런데 왜 이렇게 복잡하고 어렵고 두렵게 느껴질까요?

건축의 흐름을 알면 백전불태
百戰不殆

어떤 일이든 흐름을 파악하면 이해하기 쉬워지는 법입니다.

예를 들어, 에버랜드의 T익스프레스라는 롤러코스트가 있습니다.

밑에서 쳐다보기만 해도 아찔해지는 위용을 자랑합니다. 처음 타는 사람은 천천히 올라가는 T익스프레스 의자의 손잡이를 두 손으로 꽉 붙들고 앞으로 어떤 일이 펼쳐질지 궁금하기도 하고 두렵기도 한 감정을 갖게 됩니다.

한번 타고서는 언제 올라가는지 언제 떨어지는지 몇 번을 올라가는지 몇 번을 내려가는지 알 수가 없습니다. 그냥 정신없이 탔을 뿐입니다. 하지만 연간회원권을 끊고 사람이 많지 않은 평일 날을 이용하여 수십 번을 탄 사람이라면 언제 올라가고 몇 번을 내려가는지 훤히 알 것이고, 급강하를 할 때도 그다지 큰 두려움이나 호기심을 느끼지 않게 되겠죠. 그 이유는 T익스프레스의 흐름, FLOW를 알고 있기 때문입니다.

또 다른 예를 들면 재테크로 많은 사람들이 관심을 가지고 있는 경매라는 분야의 경우에 많은 사람들이 경매로 돈을 벌었다는 성공담과 우후죽순처럼 서점에 자리 잡고 있는 경매로 성공하였다는 이야기들을 접하게 되면 나도 한번 해보고 싶다는 생각을 하게 되고 인터넷에서 검색을 해보고, 동영상강의를 찾아보게 되고 어떤 사람은 수십 수백만 원을 하는 강의를 듣기도 합니다.

하지만 이들 10명 중에 5~6명만이 입찰을 경험하고 입찰한 10명 중에 1~2명 정도만 낙찰의 경험을 갖습니다.

왜 사람들은 관심을 갖고 책도 보고 강의도 듣지만 입찰에 참석하는 것에 소극적이 될까요? 이유는 그 뒤에 어떤 일을 맞닥뜨리게 될지 모르기에 막연한 두려움을 갖기 때문입니다.

학원이나 책에서 낙찰 이후에는 어떻게 진행해라 라는 '이후'에 대한 이야기가 없습니다. 있더라도 자세하지 않을 뿐더러 케이스마다 다르기 때문에 내 상황에 딱 맞는 '이후'의 얘기는 찾을 수 없습니다.

그러다 보니 [물건선정 → 권리분석 → 낙찰 → 잔금 → 등기 → 명도 → 매각 또는 임대] 의 전체 흐름, FLOW 중에 앞쪽 일부분만 알고 있고, 낙찰이후 후반부작업을 배운 적이 없으니 자연스럽게 막연한 두려움을 갖게 됩니다.

건물을 신축하는 일도 마찬가지입니다. 전체적인 흐름, FLOW를 알면 크게 두려워할 필요가 없습니다. 흐름, FLOW를 안다는 것은 큰 줄기를 아는 것이고 큰 줄기만 제대로 잡고 가면 잔가지들은 그때그때 처리해 나가면 됩니다.

어떤 일이든지 그 흐름을 알면 두렵지가 않습니다. 건축행위 또한 그 흐름을 알면 자신있게 일을 진행해 나갈 수 있습니다.

간단하게 건축행위의 흐름을 알아보도록 하겠습니다.

건축행위의 흐름 [FLOW]

[전체 FLOW]

부지매입 → 설계사 선정 → 건축허가(개발행위허가) →시공자 선정 → 시공자 계약 → 착공신고 → 착공 → 준공(사용승인)

[공사시의 FLOW]

터파기 → 골조공사 → 외벽공사 → 창호공사 → 내부벽돌 → 내부석공사 → 방수공사 → 벽체미장 → 바닥미장 →도배장판 → 가구공사

위 두 가지 FLOW, 즉 〔전체 FLOW〕와 〔공사시의 FLOW〕 두 가지만 머릿속에 기억한다면 건축공사의 전체 흐름이 눈에 보이게 됩니다.

부지매입은 이 책의 내용과는 또 다른 분야의 내용이므로 기회가 되면 부지매입시 확인해야할 사항이나 피해야 하는 사항, 사업성검토방법 등은 별도의 책을 통해서 기술하겠습니다.

정말 중요한 사항 몇 가지만 짚는다면 첫 번째가 건축을 할 수 있는 도로에 접해 있는지, 두 번째가 해당 부지가 그 지역 일대에서 1급지인지, 2급지인지. 세 번째가 그 지역 전체가 성장 중인 지역인지 쇠퇴 중인 지역인지 정도가 되겠습니다. 그리고 무엇보다 가장 중요한 판단기준은 투자대비 수익률이 얼마정도 나오는 땅인가입니다.

설계사 선정

대부분의 소규모 건축의 경우 건축주들은 설계사를 선정할 때 주변의 아는 사람들부터 알아보기 시작합니다. 옆집 아저씨부터 사돈의 팔촌까지. 아마도 잘 모르는 분야인 건축을 시작하는데 낯모르는 남보다 어떤 식으로라도 연이 있는 사람이 마음이 편한가 봅니다.

설계사를 선정할 때는 먼저 해당 부지가 있는 지역 내에 있는 설계사

를 선정하십시오.

많이 투명해졌다고는 하지만 우리나라는 아직도 인허가를 내주는 시청이나 구청의 담당자의 재량이 많습니다. 안 되는 것을 되게 해준다기보다는 안면이 많은 지역 업체가 좀 더 부드럽게, 좀 더 빨리 인허가가 진행됩니다.

두 번째로 지역 내의 설계사 중에 본인이 건축하려고 하는 건물과 같은 종류의 건물을 많이 설계한 설계사무소를 3곳 정도로 추리십시오.

경험이 많으면 다양한 디자인을 접목시킬 수도 있으며, 우리나라는 관련법규가 워낙 방대하고 복잡해서 설계전문가인 설계사무소라도 본인이 많이 접하기 않은 건물종류에 대해서는 관련법규(건축법, 소방관련법, 피난관련법, 주차장법 등)의 반영을 누락하는 경우도 간혹 있습니다. 물론 인허가 과정에서 대부분 걸러지기는 합니다만 만약에라도 건물을 완공하였는데 뒤늦게 발견하게 된다면 큰 낭패가 아닐 수 없습니다. 모든 책임과 금전적인 피해는 결국 건축주에게 돌아오게 되어 있습니다.

세 번째 단계로 추려진 설계사무소 3곳에서 설계금액과 설계초안을 받아보기 바랍니다.

같은 땅이라도 똑같은 모양의 디자인이 나올 수 없습니다. 개략적인 스케치를 3곳의 설계사에서 받아보고 디자인이 자신의 평소생각과 가장 맞는 곳으로 선정하면 됩니다. 설계금액의 차이는 전체 사업비와 비교해보면 극히 미미한 차이라는 것을 아시게 될 것입니다.

위 금액은 필자의 경험치이며 독자의 개략적인 설계비에 대한 감을 드리기 위해 적은 것으로 절대적인 자료가 아님을 밝혀드립니다. 특히 건축사법 등의 대가기준과는 다름을 알려드립니다.

건축허가

건축설계사무소에서 설계도면을 그려서 건축주에게 확정을 받은 후 시청이나 구청, 군청 건축과(건축허가과)에 건축허가를 접수합니다. 예전에는 허가신청서와 도면을 출력해서 직접 제출했지만 지금은 인터넷상의 '세움터'에 도면 등을 입력하여 신청합니다.(실제로는 출력본도 제출하기도 합니다.)

*건축법

제11조(건축허가) ① 건축물을 건축하거나 대수선하려는 자는 특별자치시장 · 특별자치도지사 또는 시장 · 군수 · 구청장의 허가를 받아야 한다. 다만, 21층 이상의 건축물 등 대통령령으로 정하는 용도 및 규모의

> 건축물을 특별시나 광역시에 건축하려면 특별시장이나 광역시장의 허
> 가를 받아야 한다.
>
> [출처 : 법제처 건축법]

세움터로 건축허가를 신청받은 건축담당공무원은 관련이 있는 시청(또는 구청, 군청) 내부의 관련과(사회복지과, 교통과, 환경과 등)와 시청외부의 관련 관청(소방서, 경찰서, 지하철공사 등)에 '협의'를 보내게 되고 이 서류를 받은 관련 '과'나 '관청'은 건축허가에 대하여 가부간의 의견을 건축과(건축허가과)로 회신합니다.

세움터

건축담당공무원은 협의 의견을 취합 정리하고 건축관련 법규를 검토하여 최종적으로 '허가 가능', '반려' 등을 통지하게 됩니다.

일반적으로 허가접수를 받게 되면 보완사항이 있기 마련이므로 담당공무원은 보완기간을 넉넉히 주고 그 기간 안에 보완사항을 완료하게 됩니다.

그리고 '전'이나 '답' 등 농지나 '임' 등 임야에 건축물을 짓게 되면 '개발행위허가'를 받아야 하는데, 이 경우 건축허가에 묶어서 같이 신청하는 경우(의제처리)와 별도로 진행하는 경우가 있습니다. 지자체마다 약간씩 다릅니다. 그리고 처리기간이 25일 정도로 건축허가보다는 기간이 오래 걸립니다.

*개발행위와 개발행위허가

개발행위란 건축물의 건축 또는 공작물의 설치, 토지의 형질변경, 토석의 채취, 토지분할, 물건의 적치 등을 말하며, 개발행위허가는 위와 같은 개발행위 중 도시계획 차원에서 검토가 필요하거나, 관리하는 것이 타당하다고 판단되어 개발행위에 대한 허가를 받도록 하는 것을 말합니다.

[출처 : 서울특별시 알기 쉬운 도시계획 용어, 서울특별시 도시계획국]

개발행위허가는 건축설계사무소에서 하는 것이 아니고 토목설계사무소(토목측량사무소)에서 하는 업무입니다. 건축설계사무소에 얘기해도 소용없습니다.

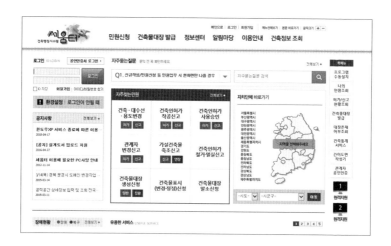

시공자 선정

이제 드디어 시공자를 선정할 때가 되었습니다.

시공자 선정 이전의 작업들이야 토지를 사는 것을 제외하고 그다지 사기를 당하거나, 뒤통수를 맞거나 큰돈이 오고가지 않습니다.

건축공사에서 '시공자 선정'은 메인이벤트입니다.

설계를 아무리 자세하게, 멋있게 했어도 시공자를 잘못 선정하게 되면 비가 새거나 문이 안 닫히거나 균열이 생기는 부실공사, 공사비를 더 달라고 하는 생때, 공사일정이 오뉴월 엿가락처럼 한없이 늘어지는 공기지연, 심지어는 2장의 사례에 언급된 것처럼 돈 떼어먹고 도망가는 경우도 당하게 됩니다.

뒤에 자세하게 설명 드리겠지만 시공자 선정시 가장 중요한 것은 시공자가 자격면허를 제대로 갖춘 제대로 된 '건축기술자'인지 다른 일을 하다가 돈 된다고 하니까 건설판에 뛰어든 무자격, 무면허의 '업자'인지가 가장 중요한 판단기준이 되겠습니다.

대부분의 건축주들이 시공사를 선정할 때 옆 동네 누가 집 잘 짓는다더라, 사돈의 팔촌이 건축을 한다더라 식으로 시공자를 찾습니다.

또 평당 얼마 식으로 주먹구구로 일을 시작하는 경우도 있고, 견적서를 받는 경우에도 싸게만 얘기하면 이왕이면 싼 게 좋다는 식으로 결정을 하는 경우가 대부분입니다.

건축을 하는 일은 1~2백만원, 1~2천만원이 들어가는 일이 아닙니다. 좀 더 알아보고 정식교육을 받은 확실한 '건축기술자'에게 의뢰를 하기 바랍니다.

시공자 선정과 계약과 관련된 이야기는 뒤에 자세하게 기술하도록 하겠습니다.

착공 신고

시공자와 계약을 하고 나면 바로 장비 들어오고 땅 파고 공사가 시작되는 줄 알고 계시는 분들이 많습니다.

계약을 하면서 건축주가 시공자에게
"그럼, 내일이라도 바로 시작할 수 있는 거죠?"라고 질문을 하는 순간, 시공자는 '아, 이 양반 초짜구나. 아무것도 모르는군'이라고 생각하면서 거만하게 아는 체 합니다.
"사장님. 공사가 생각하는 것처럼 그렇게 쉽게 되는 게 아니에요. 착공을 하려면요 이것도 해야 하고 저것도 해야 하고~"하면서 장광설을 늘어놓습니다.
그 얘기들 중에 반 이상은 상대방에게 이 일이 이렇게나 어려운 일이다 는 것을 어필하려고 하는 얘기들입니다. '내가 이 만큼 많이 안다. 나 없으면 큰일 난다'는 식으로 얘기를 하면서 초보건축주에게 겁을 주면서 자기 아니면 안 될 것 같이 얘기합니다.
이런 식의 얘기들은 공사를 하는 내내 반복적으로 듣게 됩니다.

그러다보니 이 사람이 없으면 공사 망할 것 같은 기분이 들어서 정신을 잃고 돈을 달라는 데로 주게 되고 나중에 피눈물을 흘리게 되는 것입니다.

기본적인 흐름과 내용은 알고 있어야 하는 이유입니다. 착공신고가 어떻게 하는 것이고 어떤 서류를 내야 하는 지까지 알 필요가 없습니다. 그냥 '착공신고라는 것이 있구나'정도만 아시면 됩니다.

*착공신고

허가를 받거나 신고를 한 건축물의 공사를 착수하려는 건축주는 국토교통부령으로 정하는 바에 따라 허가권자에게 공사계획을 신고하여야 하고 허가권자는 신고를 받은 날부터 3일 이내에 처리여부를 신고인에게 통지하여야 한다.

[출처 : 매일경제, 매경닷컴]

*건축법상 착공신고

제21조(착공신고 등) ① 제11조 · 제14조 또는 제20조 제1항에 따라 허가를 받거나 신고를 한 건축물의 공사를 착수하려는 건축주는 국토교통부령으로 정하는 바에 따라 허가권자에게 공사계획을 신고하여야 한다. 다만, 제36조에 따라 건축물의 철거를 신고할 때 착공 예정일을 기재한 경우에는 그러하지 아니하다

[출처 : 법제처 건축법]

건축주가 시공자에게 "그럼 착공신고는 언제 내실 거예요? 며

칠이나 걸릴까요?"라고 묻는다면 시공자는 "아, 네. 착공신고는 언제 언제까지 준비하도록 하겠습니다. 며칠정도 걸릴 것 같습니다."라고 대답하면서 이렇게 생각할 것입니다. '어? 좀 아네?'

그러면 이렇게 대답하십시오.

"아이~ 좀 서둘러 주세요. 허가받느라고 시간 많이 까먹은 거 아시잖아요. 몇 월 며칠까지는 착공신고 완료해 주세요."

이 말을 하는 순간 건축주는 다시 '갑'의 위치를 찾아오게 됩니다. 지시를 하는 입장으로 복귀하게 되는 것입니다.

절차가 있다는 것을 알고 있는지 모르고 있는지의 한 끗 차이가 시공자의 마음자세를 180도 바꾸게 됩니다.

이 책에 나와 있는 모든 내용이 마찬가지입니다. 건축을 할 때 일어나는 모든 일을 세세하게 어떻게 진행되는 지 까지 알 필요는 없습니다. 다만 '그런 것이 있다' 정도는 반드시 알고 가셔야 합니다. 그래야 뒤통수를 맞지 않습니다.

착공신고는 건축허가를 받은 다음에 건축주, 시공자, 감리자등 공사에 관련된 사람들과 관련된 서류들, 그들 간의 계약서, 설계 도면 등을 모아서 관할관청(세움터)에 접수하는 것입니다.

대형건설사들이 시공자인 경우는 시공사가 착공신고를 하는 것이 정석이지만 소규모건축에서는 설계사무소에서 해주는 경우가 많습니다.

준공(사용승인신청)

우여곡절 끝에 공사가 마무리되면 공사가 끝났으니 건물을 사용하게 해 달라고 관할관청에 승인신청을 합니다. 예전에는 '준공'이라는 단어를 썼는데 지금은 '사용승인신청'이라고 부릅니다. 사용승인신청할 때 여러분들도 잘 아시는 '건축물대장'도 생기게 되고 취득세를 내고나면 여러분의 이름 석 자가 박힌 등기부등본도 처음으로 만들어지게 됩니다.

* 사용승인
법령 등에 의해 규제를 받고 있는 토지나 건물 등의 사용을 특히 인정하는 것, 혹은 신축된 건물이 건축 기준법 등에 적합하다는 것을 확인하여 사용을 인정하는 것.

[출처 : 토목용어사전]

* 건축법상 사용승인
22조(건축물의 사용승인) ① 건축주가 제11조 · 제14조 또는 제20조 제1항에 따라 허가를 받았거나 신고를 한 건축물의 건축공사를 완료[하나의 대지에 둘 이상의 건축물을 건축하는 경우 동(棟)별 공사를 완료한 경우를 포함한다]한 후 그 건축물을 사용하려면 제25조 제6항에 따라 공사감리자가 작성한 감리완료보고서(같은 조 제1항에 따른 공사감리자를 지정한 경우만 해당된다)와 국토교통부령으로 정하는 공사완료도서를 첨부하여 허가권자에게 사용승인을 신청하여야 한다.

사용승인신청 접수도 착공신고와 마찬가지로 대형건설사들이 시공자인 경우는 시공사가 사용승인신청을 접수하는 것이 정석이 지만 소규모건축에서는 설계사무소에서 해주는 경우가 많습니다.

사용승인신청은 공사 중에 받은 하수관련필증, 엘리베이터 안 전검사 등의 각종 필증과 단열재, 유리 등의 시험성적서와 납품확 인서, 폐기물처리에 관련된 서류 등 건축허가시에 허가조건으로 적혀 있던 내용들을 취합하여 '허가대로' 공사를 했다는 확인을 받는 작업입니다.

그러니 공사 중에 중간 중간에 '허가조건'이 어떤 것이 있는지 를 몇 번 정도는 읽어보는 것이 좋습니다. 결국에 잘되든 못되든 책임과 손익은 건축주 몫입니다.

그리고 경험이 없거나 따로 시간을 내어 공부를 할 여건조차 되 지 않으신다면 전문가를 찾으십시오.

말콤 글로드웰의 〔10,000시간 법칙〕에서 무엇이든 경지에 오르 려고 하면 최소 10,000시간 이상을 투자를 해야 한다고 합니다. 하루 8시간이면, 1250일, 즉 3년4개월 이상이 걸리는 시간입니다.

그렇다고 건축을 하려는 예비건축주가 성공적인 건축을 하기 위해서 3년4개월 동안 하루에 8시간씩 건축에 대해서 공부를 하 면서 시간을 투자해야 할까요?

걱정되고 두려운 심정이 이해는 가지만 그럴 필요는 없습니다.

그 시간을 사기위해 전문가들을 돈을 주고 고용하는 것이니까요.

설계비, 시공비, CM FEE 등 전문가들에게 지불하는 돈은 그들이 전문가가 되기 위해 투자한 시간을 사는 것입니다.

건물 신축을 하는 것은 출산과정과 비슷하다고 생각이 듭니다.

배우자를 고르듯이 신중하게 계약상대방을 찾고, 결혼에 해당하는 착공을 하기 전에도 여러 가지 우여곡절이 있고 아이를 가진 (공사를 시작한) 다음에도 우리는 처음 접하게 되는 일들과 전에 알지 못하였고 내 일상과는 동떨어져 있다고 생각했던 모든 일들을 한꺼번에 겪게 되고, 우울증에 걸리기도 하고 간혹 무기력해지기도 합니다. 또 '편히 살 걸 왜 이걸(결혼, 공사) 시작해 가지고 이 고생인가' 하는 생각도 들게 됩니다. 여러분 뿐만 아니라 모든 건축주들이 전부 그런 생각을 합니다.

하지만 아무것도 없던 땅에 번듯하게 지어진 '내'건물(아이)을 보게 되고, 또 처음 생기게 된 등기부등본에 내 이름이 적혀있는, 내 것이 생긴 것에 간혹 감동하기도 합니다.

그리고 아이를 키울 때와 마찬가지로 기쁜 일도 생기고 고민도 생기게 됩니다. 아이를 키우듯이 건물도 잘 돌봐줘야 합니다. 자녀가 없는 것 보다는 생겼을 때 느끼는 즐거움이 있듯이 내 건물을 갖게 되면 또 다른 즐거움을 느끼게 됩니다.

그리고 둘째 낳기를 고민하게 됩니다.

앞일을 할 때
뒷일을 생각해야.

앞일을 할 때 뒷일을 생각해야 합니다. 어려운 얘기인가요?

철학적인 얘기나 사회생활의 처세에 대한 얘기가 아닙니다. 말 그대로 공사를 할 때 지금 하는 작업이 이후에 하는 작업과 어떻게 만나는지 알아야 한다는 얘기입니다.

쉬운 예로 문틀을 설치할 때는 골조벽면 끝선에 딱 맞춰서 설치를 해 놓았다고 칩시다. 나중에 방 안쪽에 석고보드를 붙이게 되면 어떻게 될까요? 석고보드 두께가 1cm정도 되니까 1cm만큼 문틀이 들어가 있게 되겠죠?

더 쉬운 예를 들어 보겠습니다. 화장실이 있습니다. 나중에 변기가 앉혀지는 자리에 오수관을 미리 묻어 놓습니다. 그런데 그 오수관의 위치가 내가 생각하는 변기의 위치가 아니라면 어떻습니까. 변기는 나중에 달거니까 그때 생각하면 될까요?

아직 변기가 놓여 있지 않지만 이미 오수관을 묻을 때 변기의 위치는 정해진 것입니다. 두 달 뒤 화장실 타일공사 후 변기가 놓여 질 때 '여기가 아니다'라고 얘기해 봐야 이미 물 건너 간 다음입니다.

설계도면이 내 생각과 완벽히 똑같다면 모르겠지만 설계할 때 그런 얘기를 한 적이 없고, 결정적으로 당신은 설계도면 보는 법을 모릅니다. 그래서 현장에서 지시를 해야 하는 사항들이 생길 수밖에 없는 것입니다.

* 물의 이름

상수 : 수돗물

우수 : 빗물

하수 : 싱크대. 세면대에서 나오는 생활하수

오수 : 배변, 오줌물

그러면 건축주는 어떻게 해야 할까요. 매일매일 쫓아다니면서 확인할 수도 없고, 언제 얘기해야할 지도 모르는데요.

건축주는 시공자에게 말로 전달을 해 놓아야 합니다. 평소에 생각했던 것들, 화장실에서 변기, 세면대는 이랬으면 좋겠다. 문은 이렇게 했으면 좋겠다. 외부자재와 외부창문이 만나는 부분은 이랬으면 좋겠다. 하루에 한번 정도는 시공자를 만나서 건물에 대해서 잠깐씩이라도 얘기를 하십시오. 하루에 한 가지만 전달되어도 한 달이면 30가지를 전달할 수 있습니다. 그리고, 전에 애기를 했다면 혹시 내 생각과 다르게 공사가 되어 있을 때 시공자에게 수정요청을 하기도 좋습니다.

'미리 말씀하셨어야지요.'라는 말처럼 답답한 말이 없습니다. 하기 싫다는 뜻이거든요. 따로 돈을 줘야 고쳐줍니다.

이 책에서 건축주가 챙겨야 하는 최소한의 내용에 대해서 확인하실 수 있습니다.

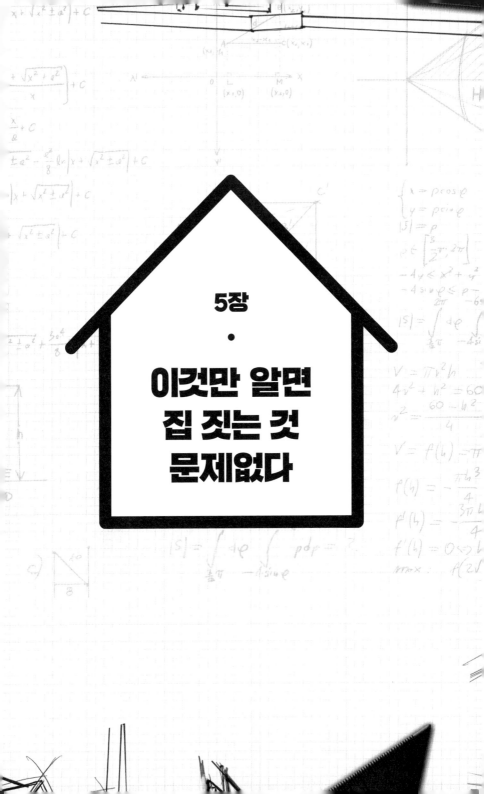

5장

·

이것만 알면
집 짓는 것
문제없다

모든 법규를 다 알 필요 없다.
(5가지만 알면 된다.)

건물을 짓는 데에는 많은 법규가 적용이 됩니다. 건축법, 주차장법, 소방기본법, 산지법, 국토의 계획 및 이용에 관한 법률 등

그런데 건축주가 이 모든 법을 알 필요는 없습니다. 알 수도 없고요. 인허가 실무를 하는 설계사무소에서도 매번 확인하여 적용하지, 모든 법을 알고 있지 않습니다. 이러한 관련법규들은 적용해서 관련법에 맞는 건물을 설계하는 것은 설계사무소 소장님의 일이고 그에 대한 대가로 설계비를 지불하는 것입니다.

그래도 건축주가 알아야 할 법규가 몇 가지 있습니다.

첫 번째로 내 건물의 규모를 결정하는 데에 관련된 것입니다.
우리나라의 대부분의 건물들은 용적률과 건폐율로 건물의 규모가 정해집니다.

용적률은 말 그대로 용적의 비율입니다. 무엇에 대한 비율이냐고요? 비교할 수 있는 것이 땅 면적밖에 더 있나요? 옆집과 비교할 수는 없지 않습니까?

땅 면적대비 건물의 용적이 용적률입니다.

용적은 땅위로 나와 있는 각층의 면적을 합한 것입니다. 즉, 지하층은 적용 안 됩니다.

내 땅 용적률 50%라 함은 땅이 100일 때 건물 각층 면적을 합한 값이 50이란 뜻이고, 용적률 150%라 함은 땅이 100일 때 건물 각층 면적을 합한 값이 150이란 뜻입니다.

그러니 당연히 용적률이 높은 땅이 가치가 높을 것이고 가격도 비싸집니다. 땅 100평에 건물 50평만큼 지을 수 있는 땅보다 땅 100평에 건물 150평을 지을 수 있는 땅이 당연히 가치가 높겠죠?

전체 땅 면적대비 건물이 깔고 앉아 있는 땅의 면적이 건폐율입니다. 내 땅 건폐율이 20%라는 것은 내 땅이 100일 때 건물이 깔고 앉아 있는 땅이 20이라는 뜻이고, 건폐율이 60%라는 것은 내 땅이 100일 때 건물이 깔고 앉아 있는 땅이 60이라는 뜻입니다.

전체 땅이 100평일 때 건물이 깔고 앉아 있을 수 있는 땅 면적이 20평인 것보다 60평인 땅이 당연히 가치가 높겠죠?

〔출처 : 국토부 '알기 쉬운 건축여행'〕

* 건폐율

제55조(건축물의 건폐율) 대지면적에 대한 건축면적(대지에 건축물이 둘 이상 있는 경우에는 이들 건축면적의 합계로 한다)의 비율(이하 "건폐율"이라 한다)의 최대한도는 「국토의 계획 및 이용에 관한 법률」 제77조에 따른 건폐율의 기준에 따른다. 다만, 이 법에서 기준을 완화하거나 강화하여 적용하도록 규정한 경우에는 그에 따른다.

* 용적률

제56조(건축물의 용적률) 대지면적에 대한 연면적(대지에 건축물이 둘 이상 있는 경우에는 이들 연면적의 합계로 한다)의 비율(이하 "용적률"이라 한다)의 최대한도는 「국토의 계획 및 이용에 관한 법률」 제78조에 따른 용적률의 기준에 따른다. 다만, 이 법에서 기준을 완화하거나 강화하여 적용하도록 규정한 경우에는 그에 따른다.

(출처 : 법제처 건축법)

건폐율과 용적률

---

1) 건폐율

대지면적에 대한 건축물의 건축면적의 비율을 말합니다.

2) 용적률

대지면적에 대한 건축물의 지상층 연면적의 합계 비율을 말합니다.

두 번째로 주차장 폭입니다.

주차장폭이 왜 중요하냐면 2장의 사례에도 나오지만 보통 주차 라인을 건물을 다 지은 다음에 그리게 되는데, 법에 나와 있는 최소기준 2.5m×5.0m(2019.03월 시행)가 나오지 않으면 건물을 부수게 되는 경우가 발생될 수 있습니다. 사례를 참조하기 바랍니다.

특히 필로티구조일 경우에는 난감한 상황이 발생됩니다. 건물 사용승인이 나지 않을 수도 있고, 아무도 책임져 주지 않습니다.

기둥공사 등 주차장 사이 공간을 공사할 때, 반드시 줄자로 건축주께서 직접 확인하십시오.

---

* 주차장의 크기

제3조(주차장의 주차구획) ① 법 제6조 제1항에 따른 주차장의 주차단위구획은 다음 각 호와 같다. 〈개정 2012. 7. 2, 2018. 3. 21.〉

2. 평행주차형식 외의 경우

구분	너비	길이
경형	2.0미터 이상	3.6미터 이상
일반형	2.5미터 이상	5.0미터 이상
확장형	2.6미터 이상	5.2미터 이상
장애인전용	3.3미터 이상	5.0미터 이상
이륜자동차 전용	1.0미터 이상	2.3미터 이상

(출처 : 법제처 주차장법 시행규칙)

세 번째, 건물과 대지경계선과의 거리입니다.

대지경계선과 건물은 일단 민법에 따라 최소 0.5m 이상은 기본적으로 띄어야 합니다. 그리고 시군구 조례로 그 이상의 거리를 띄어야 하는 경우도 있습니다.

이 사항도 위 주차장과 마찬가지로 미리 확인해 놓지 않으면 공사 완료 후에 이러지도 못하고 저러지도 못하게 됩니다.

반드시 건축주께서 줄자로 확인하기 바랍니다.

> * 민법의 대지경계선
>
> 제242조(경계선부근의 건축) ①건물을 축조함에는 특별한 관습이 없으면 경계로부터 반미터 이상의 거리를 두어야 한다.
>
> [출처 : 법제처 민법]

네 번째로 계단폭입니다.

시공자들이 많이 놓치는 부분이기도 한데요, 계단의 폭은 1.2m 이상이 반드시 확보되어야 합니다. 1.2m는 가장 좁은 부분, 예를 들면 난간 안쪽이 기준입니다.

간혹 이 폭이 안 나와서 계단 벽면을 하스리(콘크리트 벽을 까는 것)하는 경우도 종종 있습니다. 타일까지 붙여놨다면 건축주로서 정말 가슴 아픈 일이 아닐 수 없습니다.

*계단 유효폭

제15조(계단의 설치기준) ①영 제48조의 규정에 의하여 건축물에 설치하는 계단은 다음 각 호의 기준에 적합하여야 한다. 〈개정 2010. 4. 7, 2015. 4. 6.〉

②제1항에 따라 계단을 설치하는 경우 계단 및 계단참의 너비(옥내계단에 한한다), 계단의 단 높이 및 단너비의 칫수는 다음 각호의 기준에 적합하여야 한다. 이 경우 돌음계단의 단너비는 그 좁은 너비의 끝부분으로부터 30센티미터의 위치에서 측정한다. 〈개정 2003. 1. 6., 2005. 7. 22., 2010. 4. 7., 2015. 4. 6.〉

3. 문화 및 집회시설(공연장 · 집회장 및 관람장에 한한다) · 판매시설 기타 이와 유사한 용도에 쓰이는 건축물의 계단인 경우에는 계단 및 계단참의 유효너비를 120센티미터 이상으로 할 것

4. 윗층의 거실의 바닥면적의 합계가 200제곱미터 이상이거나 거실의 바닥면적의 합계가 100제곱미터 이상인 지하층의 계단인 경우에는 계단 및 계단참의 유효너비를 120센티미터 이상으로 할 것

[출처 : 법제처 건축물의 피난 · 방화구조 등의 기준에 관한 규칙]

마지막으로 난간높이입니다.

1층 빼고 나머지 에서는 바닥에서 벽체가 1.2m보다 낮다면 무조건 1.2m 이까지 난간을 세워야 합니다. 추락을 방지하기 위해서입니다.

옥상이나 베란다, 테라스는 물론이고 특히 외부로 나있는 전창 (통창)을 놓치는 경우가 많이 있으니 건축주께서 직접 챙기셔야합니다.

앞에 언급된 5가지만 건축주가 직접 챙기게 되면, 건물 완공 후에 사용검사승인이 안 되어서 낭패를 보는 일은 거의 없으리라 생각됩니다.

다시 말씀드리지만 아무도 책임져 주지 않습니다.
시공자는 감리탓, 감리는 시공자 탓, 설계사무소는 시공자 탓, 전부 남 탓만 합니다.

건축비
추정하는 법

　정확한 건축비를 산정하는 법은 건설회사 과장급도 어려워합니다. 정확한 건축비를 산정하려면 설계도면을 보고 각각의 수량을 산출하고 단가를 확인하여 수량과 단가를 곱해서 각각의 금액을 산정하고 그것들을 모두 더하고 거기에 간접비라 불리는 산재보험료, 안전관리비, 현장관리비 등을 산출하여 더해야 산정이 됩니다.

[내역서 예시]

품 명	규 격	단위	수량	재료비 단가	재료비 금액	노무비 단가	노무비 금액	경비 단가	경비 금액	합계 단가	합계 금액	비 고
모 래	자연사·도로도	K3	85	32,000	2,720,000					32,000	2,720,000	
시 멘 트		포	940	5,000	4,700,000					5,000	4,700,000	
모르타르바름	바닥20mm	K2	277			4,700	1,301,900			4,700	1,301,900	
모르타르바름	바닥24mm	K2	447			4,200	1,877,400			4,200	1,877,400	
모르타르바름	나·정벽18mm	K2	1,612	3,000	4,836,000	12,000	19,344,000			15,000	24,180,000	
콘크리트 면정리		K2	80	1,500	125,000	4,000	320,000			5,500	440,000	
거계마니내		K2	729			4,700	3,426,300			4,700	3,426,300	
사춤손다김		K2	1,393			3,500	4,875,500			3,500	4,875,500	
양들·양통사슬	우레탄	㎡	350	1,000	350,000	1,500	525,000			2,500	875,000	
코니바드	AL 4a	본	75	2,600	195,000	3,500	262,500			6,100	457,500	
가꺼타실		식				2,000,000	2,000,000			2,000,000	2,000,000	
철근콘크리트		식				2,500,000	2,500,000			4,000,000	4,000,000	
드라이비트	일박	K2	533.00	20,150	12,330,950	35,000	18,655,000			55,150	30,965,950	

　건축전공자도 아닌 건축주가 위와 같은 방식으로 공사비를 산

정할 수는 없겠지요.

그래도 개략적인 공사비는 추정을 할 수 있어야 예산도 세울 수 있고 또 업자들에게 당하지도 않겠습니다.

통상 평당 얼마 하는 식으로 계산하기도 하는데 아주 틀린 방법은 아닙니다. 실제로 대형건설회사에서도 도면이 없는 상태에서 땅만 있을 때 그와 유사한 방식으로 추정합니다. 물론 더 많은 유사한 동종 건물의 공사비를 이용하기는 하지만.

이런 방법은 어떨까요?

집장사들이 작업자들과 공정별로 계약하는 방법입니다.

지역마다 건물마다 차이는 있지만,

골조공사는 인건비 평당 70만원~75만원

자재비 평당 70만원~75만원

미장공사는 인건비 평당 15만원~20만원

자재비 평당 5만원~10만원 (레미탈, 모래 등)

설비공사는 인건비 평당 15만원~20만원 (배관자재포함)

세면대 등 화장실 약 50만원

보일러 대당 45만원 (설치비 포함)

전기공사는 인건비 평당 15만원~20만원(배관포함)

타일공사는 인건비 평당 5만원

자재비 평당 7만원~15만원

내장공사는 인건비 평당 15만원~20만원

자재비 평당 5만원 (몰딩, 화장실문 등)

외장공사는 인건비 평당 20만원

자재비 평당 15~25만원(벽돌, 석재)

창호공사는 평당 20만원~25만원

엘리베이터는 대당 4000만원

금속공사는 평당 5만원~15만원

직영공사는 평당 5만원~10만원

잡자재는 평당 10만원~15만원(시멘트, 몰탈, 방수재 등)

더해보면 작은 금액일 때 엘리베이터를 제외하고 평당 342만원이고, 큰 금액을 더해보면 420만원이 나옵니다.

그래서 집장사들이 통상 얘기하는 평당 350만원, 평당 450만원이라는 금액이 나오는 것입니다.

작은 금액에 해당하는 것은 평수가 크거나(약150평~200평정도) 단순한 건물에 해당하고, 큰 금액에 해당하는 것이 평수가 작은 단독주택에 해당합니다.

이 금액을 기준으로 하여 건물이 복잡한지, 마감이 일반적인 것보다 비싼 자재인지, 인테리어나 가구가 많고 적음에 따라서 평단가가 올라가게 됩니다.

그리고 필자가 단독주택, 다가구주택, 도시형생활주택을 직접 땅을 매입하여 공사를 해보고 알게 된 사실이 직영공사로 하게 되면 시공업자에게 맡길 때보다 평균적으로 10%정도 저렴하게 지을 수 있었습니다. 이 말은 바꿔 말하면 시공업자의 이윤이 10%정도 된다는 말이기도 합니다.

특이한 점은 인건비항목이 대전을 기준으로 남쪽으로 갈수록 평단가가 많이 저렴하다는 것입니다. 아무래도 수도권 인근이 인건비가 비싼 것이 현실입니다.

앞에 명기된 금액은 건축주에게 공사비의 '감'을 잡는 것을 돕기 위한 일 예일 뿐 절대적인 금액이 아님을 밝혀둡니다.

건물규모에 따라서, 작업여건에 따라서, 실배치와 마감종류에 따라서 평단가는 달라지며, 정확한 금액은 서두에 말씀드린 대로 설계도면을 기준으로 수량을 산출하여 단가를 곱해서 산출해야지 나오는 사항입니다.

건축주가
직접 확인할 것

1) 골조공사시에 확인할 사항 3가지

건축주로서 골조공사시에 확인할 몇 가지 사항이 있습니다.

첫 번째가 건물의 위치입니다.

[측량사진]

앞에도 언급한 것처럼 건물의 끝선이 대지경계선과 떨어야 하는 길이가 정해져 있습니다. 골조공사를 시작하기 전에 땅을 일정 부분 파기 시작하고 먹줄로 건물의 모양을 땅에 그리는데, 이 일이 모든 건축공사 공정 중에 가장 중요하다고 할 수 있습니다.

건물의 위치를 잡을 때 대지경계선을 반드시 직접 확인하기 바랍니다. 믿기지 않겠지만 대지경계선을 넘어가서 남의 땅에다 건물을 짓는 경우도 실제로 있습니다.

시공자와 건축주가 건물을 파서 옮길 수 있는지 고민하는 웃지 못 할 고민을 하는 경우도 있습니다. 내가 설마, 나의 시공자가 설마, 라고 안이하게 생각하지 마시고 반드시 시간을 내어 확인하기 바랍니다.

두 번째는 각 층 공사할 때 먹매김 확인입니다.

철근배근을 어찌하는지, 형틀(거푸집)을 어찌 놓는지 건축주가

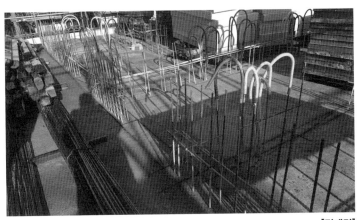

[먹메김]

알아야 할 필요는 없습니다. 시공자와 감리자가 알아서 할 일입니다.

다만 각층 공사 전에 바닥에다가 방, 복도, 화장실 등을 그림 그리듯이 먹으로 표시를 합니다. 먹매김한다, 또는 먹놓는다고 하는데 이때는 건축주가 확인하여 제대로 그림을 그리고 있는지 확인하기 바랍니다.

세 번째는 가설비계입니다.

가설비계의 비계는 날 비(飛) 자에 계단 계(階) 자로 날아다니는 계단, 즉 발판을 말합니다.

이것을 건축주가 왜 확인해야 하는가 하면 여기에서 중대 재해가 발생할 확률이 가장 크기 때문입니다.

[가설비계]

가설비계(외부비계)는 건물과 단단히 체결(도매잡는다고 함)해야 하는데, 작업자들은 최소한의 체결만 합니다. 체결이 불량하여 발생하는 사고는 거의 답이 안 나오는 사고로 이어집니다. 직접 체결을 확인하면 제일 좋고 여건이 안 된다면 시공자에게 체결을 많이 하라고 '잔소리'라도 한번씩 하기 바랍니다.

2) 미장공사만 알면 전체 공정이 보인다

미장공사라고 들어보셨을 겁니다. 말 그대로 예쁘게 보이기 위한 공사입니다. 그럼 무엇보다 예쁘게 보인다는 말일까요?

골조공사시 레미콘 타설 후에 형틀(거푸집)을 떼어내면 콘크리트면이 나오는데 이 콘크리트면이 안 예쁩니다. 이 안 이쁜 콘크리트면에 시멘트몰탈로 이쁘게 덧칠해 주는 것입니다.

그런데 미장공사에는 콘크리트를 예쁘게 덧칠해주는 것 말고도 몇 가지가 더 포함됩니다. 벽체미장 외에 바닥미장, 방통, 계단견출, 계단미장, 난간하부 미장 등, 몇 개 안 되는 이것들이 언제 어떻게 작업이 들어가는지만 알면 공사업자로 나서셔도 될 정도로 건축흐름을 아시게 됩니다. 건축일의 반은 아시는 거라고 할 수 있겠습니다.

공사 순서상 첫 번째로 들어가는 것이 바닥미장입니다.

'미장'이라고 하면 흔히 벽체에 시멘트 몰탈을 바르는 것만 생각하는데요, 공사 중에 가장 먼저 투입이 되는 미장은 바닥미장입

니다.

바닥미장은 골조 공사할 때 투입이 됩니다. 골조공사 할 때 철근, 목수, 레미콘타설이 주 작업인데, 옥상바닥, 발코니 바닥 등에 레미콘을 부어 넣을 때 바닥면은 매끈매끈하게 만드는 작업에 미장작업자가 투입이 됩니다.

만약 아무것도 모르는 줄 알고 있던 '건축주가' "옥상 레미콘 칠 때 미장공 불러 놨죠?"라고 시공자에게 물어 본다면 시공자는 속으로 깜짝 놀랄 겁니다. 함부로 하면 안 되겠다고 생각할 것입니다.

두 번째가 벽체미장입니다.

벽체미장이 여러분들이 많이 보신 벽에 시멘트몰탈을 바르는

작업입니다.

벽체미장은 내부에 벽돌이나 블록을 쌓은 다음에 들어가게 되는데 이 벽체 미장이 다 끝나고 나면 건물 내부가 깔끔해 지는 것을 볼 수 있습니다.

벽체미장을 할 때는 작업자가 시멘트몰탈이 벽에 단단히 붙을 수 있도록 몰다인(제품명) 등을 첨가해서 시멘트를 비비는데, 자재를 아끼지 말고 쓸 수 있도록 하십시오.

숙련된 작업자 1사람이 하루에 작은방 2~3개정도 할 수 있습니다.

그리고 이때 문틀주위에 비어있는 공간에도 미장작업자가 사춤을 하여 채워 넣습니다.

특히 이 '창틀주위 사춤'을 놓치는 경우가 많이 있으니 챙기면 좋겠습니다.

세 번째가 계단미장입니다.

계단 복도는 두 번째인 벽체미장과 같이 진행되고 계단 천정 면은 미장 중에 '견출'이라고 불리는 시멘트 물을 칠하는 것 같은 아주 얇게 칠하는 작업을 합니다.

네 번째가 '방통미장'입니다.

방통미장은 통상 '방통'이라고 부르는데, 방바닥에 난방배관(XL Pipe)를 깔고 그 위에 마무리로 평평하게 하기위해서 시공합니다.

[방바닥 몰탈(방통)타설]

따로 방통을 치는 장비가 들어와서 작업을 하고 통상 20개 정도의 방을 하루에 완료할 수 있습니다.

방통이 마무리되면 공사는 마무리를 향해 간다고 볼 수 있습니다.

마지막 다섯 번째로 난간하부 미장입니다.

미장공사의 마무리하는 작업 중 하나가 옥상이나 베란다 밑에 벽돌, 콘크리트 등으로 노출되어 남아 있는 부분을 미장으로 마감하는 작업입니다. 이 일이 끝나기 전에 작업자에게 돈을 모두 지불하면, 이렇게 조금 조금 남아 있는 부분의 작업을 마무리하는데에 신경 쓰게 될 일이 발생됩니다. 조금이라도 줄 돈을 남겨 놓으셔야 하겠습니다.

3) 창호공사시 건축주가 정해줘야 하는 3가지

창호공사에 해당하는 것은 창문, 목문(화장실, 방 문), 현관문 등입니다.

설계도면에는 크기, 형태, 유리 두께정도만 표시가 되어 있습니다.

색상, 제조회사는 설계도면에 나와 있지 않습니다.

PVC창문의 경우 제조회사에 따라서 가격이 두 배 이상 차이가 나는데, 특히 변두리에 있는 소규모 공장에서 가져온 PVC창호와 LG, KCC 등 대형회사의 제품은 가격차이가 많이 납니다. 또 건물을 매각할 때에도 그것 때문에 가격을 낮춰주거나 매매가 안 될 때도 있습니다.

'건축주'가 특별히 얘기하지 않으면 반 이상의 시공자들이 얘기하지 않고 소규모 공장에서 생산하는 PVC창호를 설치합니다.

나중에 공사가 완료되고 얘기해 봐야 소용없습니다.

그리고 창문에 설치되는 유리의 색상은 '그린'과 '블루' 두 가지 색상이 있는데, 건축주가 특별히 요청하지 않으면 시공자가 그냥 '그린'으로 시공합니다. 자재 확보가 쉽기 때문입니다. '블루' 색상은 자재의 재고가 있는지 미리 확인을 해야 하기 때문에 미리미리 시공자에게 애기해 놓는 것이 좋습니다.

현관문, 화장실문, 방문의 경우는 색상과 디자인을 정해 줘야하고, PVC창호와 마찬가지로 회사에 따라 금액의 차이가 크므로 시공자는 저렴한 제품을 설치하려고 할 것이니 건축주가 미리 챙기셔야 합니다.

4) 설비, 전기공사는 이것만 알면 된다.

웬만큼 건축현장을 많이 보신 분들도 설비, 전기는 복잡하다고 생각하셔서 아예 해당 작업자에게 맡겨버리시는 경우가 대다수입니다.

전기는 사람으로 치면 핏줄에 해당하고 설비는 소화기관, 호흡기관에 해당합니다.

세부적인 작업과 자재는 건축주가 알 필요 없습니다만 아래 몇 가지만 알게 되면 설비, 전기도 눈에 들어오시게 됩니다.

설비부분에서는 먼저 상수관, 하수관, 오수관의 세 가지 종류만

[설비, 전기배관]

구분하면 되겠습니다.

상수관은 수돗물, 하수관은 싱크대, 세면대 등에서 버리는 물, 오수관은 변기에서 나오는 물입니다.

첫 번째 상수관에서 확인하실 사항은 화장실, 싱크대, 다용도실에서 상수관이 나오는 위치입니다.

화장실 세면대, 싱크대의 수전의 위치가 결정되는 사항이기 때문입니다.

두 번째 하수관에서 확인하실 사항은 화장실바닥, 싱크대 하부의 하수관 위치입니다. 이것도 상수관과 마찬가지로 화장실, 싱크대에서의 하수위치가 결절되는 사항입니다.

세 번째 오수관의 위치입니다. 오수관의 위치는 화장실 변기의 위치입니다. 간혹 화장실 변기의 위치와 세면대의 위치가 바뀌는 경우가 있는데, 나중에 바꾸려면 거의 불가능할 정도로 일이 많아집니다.

[전기, 설비배관]

그리고 위 상수관, 하수관, 오수관은 골조공사를 하면서 동시에 진행되어 골조 안에 묻히게 되므로 골조공사 할 때 확인하셔야 하는 사항입니다.

전기공사는 쉽게 얘기하면 전기콘센트공사와 전등공사, 인터폰 등의 통신공사 그리고 인터넷, TV 등에 대한 배관과 배선공사입니다.

건축주가 꼭 확인해야 할 사항은 콘센트의 위치, 전등과 전등스위치의 위치, 통신공사에 해당하는 인터폰위치, TV와 인터넷 선의 위치를 확인하셔야 나중에 건물이 완성되고 추가적으로 변경하는 일이 없습니다.

현장 작업반장을
내 맘대로 조정하는 기술

현장에서, 특히 건축주 직영공사나 건축주가 직접 진행해야 하는 공사(인테리어공사 등)를 할 때는 어쩔 수 없이 작업자들이나 작업반장들을 건축주가 직접 컨트롤해야 하는 경우가 생기게 됩니다.

이럴 때 거의 모든 건축주들은 본인들 스스로가 일이 진행되는 과정을 모르기 때문에 일을 하는 회사의 사장이나 작업반장에게 부탁을 할 수밖에 없는 상황에 놓입니다.

업체사장이나 작업반장이 하라는 대로 할 수밖에 없는 상태가 되는 것이지요.

이 상황에서 발생할 수 있는 문제가 무엇이 있을까요?

먼저 2장의 사례들에서 나오는 것처럼 돈을 받고 잠적하거나, 추가로 돈을 달라고 하거나 저급의 자재를 써서 나중에 문제가 되는 경우들이 발생됩니다.

위와 같은 문제가 발생하지 않으려면 건축주로서 어떻게 해야 할까요?

답은 바로 '돈'을 지급하는 방식에 있습니다.

이해를 돕기 위해 극단적인 예 두 경우를 들어보겠습니다.

첫 번째, 공사를 시작하기 전에 공사비 전액을 지급하는 경우.
두 번째, 공사가 다 끝난 후 건축주가 마음에 들었을 때 돈을 지급하는 경우.
당연히 건축주 입장에서는 두 번째가 최고이고, 작업자 입장에서는 첫 번째가 최고입니다.

두 번째의 지급방식은 작업자 입장에서는 일을 시작하는 순간 인건비가 발생되기 때문에 한번 시작을 하면 되도록 빨리 일을 마무리하는 수 밖에 없습니다.
또 건축주 입장에서는 일이 마음에 들지 않으면 수정을 요구하기도 편하고, 심지어는 작업을 중단하라고, 작업자를 바꾸겠다고 얘기할 수도 있습니다. 또 업자가 자재를 저급으로 쓰려고 한다면 나중에 그 비용을 공제하고 건축주가 직접 마음에 드는 자재를 사다가 줄 수도 있습니다. 작업자는 이미 자신의 돈이 투입이 된 상태이기 때문에 중도에 그만두기에는 애매한 상황이 됩니다.

첫 번째의 지급방식은 작업자 입장에서는 최고의 조건입니다. 이미 돈을 다 받았으니 천천히 일을 해도 됩니다. 다른 곳의 일을 하다가 틈틈이 시간이 날 때 와서 일을 합니다. 돈을 여기서도 벌고 저기서도 법니다. 건축주가 무슨 요구를 하면 작업을 안 하면 됩니다. 시간을 끌면 끌수록 건축주는 자신의 말을 들을 수 밖에 없다는 것을 알고 있습니다. 돈을 이미 다 받았으니 답답한 것이 하나도 없습니다. 심지어 조그마한 것이 추가되어도 건축주에게 돈을 더 요구하기도 편합니다. 일을 안 하면 되니까요.

반대로 건축주의 입장은 어떻게 될까요? 건축주는 이미 돈을 다 지불해 버렸으니 할 수 있는 일이라고는 목을 길게 빼고 업자가 하는 대로 끌려가는 것 밖에 할 수 있는 일이 없습니다. 일 나오면 고맙고, 안 나오면 부탁하고, 뭐 하나 바꾸려고 해도 업자가 돈 더 달라고 하니 함부로 말하기도 어렵고, 제발 사라지지만 않으면 좋겠다는 생각을 하게 됩니다.

그런데 작업자들이나 시공업자들은 아주 자연스럽게 첫 번째 지급방식을 유도합니다. 마치 모든 건축현장의 룰이 그런 것처럼 얘기하면서 말입니다. 그러지 않으면 아예 일이 안 될 것처럼 겁을 주기도 합니다. 다 믿지 마십시오. 그 사람 아니라도 일 할 사람 많습니다.

건축주는 머릿속에 항상 '그 사람 아니어도 일 맡길 사람 많다'라는 생각을 머릿속에 염두에 두고 있어야 합니다. 그래야 끌려 다니지 않습니다.

그러면 현실에서는 어떻게 해야 할까요? 시작하기도 전에 돈을 모두 줄 수도 없고, 일 끝나고 돈을 준다고 하면 웬만한 작업자는 안한다고 할 것이고,(간혹 일 끝나면 돈 받겠다는 작업자도 있습니다만 그들 중 절반정도는 정말 돈이 안 도는, 돈이 정말 없어 이거라도 해야 되는 절박한 상태인 경우입니다. 이 부류의 작업자들과 엮이면 다른 골치 아픈 문제가 생길 수 있습니다.)

먼저 계약금 5%~10%는 쿨하게 즉시 지급하십시오. 그리고 일 진행될 때마다, 중간에 지급하기로 약속한 돈을 줄 타이밍이 되면 건축주가 "돈 드려야죠?"라고 먼저 작업반장에게 말을 하십시오. 그러면 작업반장은 '언제 얘기할까' 고민하던 차에 건축주가 먼저 얘기하니 '아, 이 현장에서 돈 떼일 일은 없겠구나'하고 안심합니다. 서로서로 좋은 일입니다.
그리고 가장 중요한 '잔금'입니다. 통상적으로 잔금 전까지의 돈은 작업자에게는 인건비, 자재비, 경비(식대, 유류비 등) 등의 원가이고, 이 '잔금'이 작업자의 이윤이 됩니다.

이 '잔금'이 남았을 때 위에서 얘기한 〔두 번째, 공사가 다 끝난 후 건축주가 마음에 들었을 때 돈을 지급하는 경우〕를 적용하는 것입니다.

일이 막바지에 다가왔기 때문에 작업자 입장에서는 일의 관성 때문에 중도에 멈출 수가 없는 상태이고, 또 작업자 입장에서 하던 김에 마무리해야 돈이 적게 들어가는 데 중간에 멈췄다가 다시 시작하면 돈이 더 들어갑니다. 여태까지의 건축주의 행태를 봤을 때, 돈을 안줄 것 같지도 않고, 작업도 거의 마무리 단계이니 '잔금' 안 받았다고 일을 멈추거나 지연시키지 못합니다.

그리고 이때 건축주는 본인의 마음에 들지 않는 부분을 수정요구를 합니다. 작업자는 '잔금'에 포함되어 있는 자신의 '이윤'이 조금 줄어들게 되더라도 일을 빨리 끝내서 잔금을 받고, 또 다른 곳에 작업을 가서 돈을 벌고자하는 생각에 건축주의 추가요청사항을 쉽게 받아들입니다.

이것이 바로 작업반장을 내 맘대로 조종하는 기술입니다.

결국에 모든 답은 '돈'에 있고 어차피 줄 '돈'을 [언제] 주는가가 결국에는 건축주가 마음대로 조종할 수 있느냐? 없느냐?에 대한 키가 됩니다.

간단한 이치이지만 현장에서는 굉장한 힘을 갖게 되는 사항입니다.

최적의 자재를
선정하는 기술

꿈에 그리던 자신만의 건물을 지을 때, 건축주는 평소에 눈여겨 보았던 자재들을 쓰고 싶어집니다. 건축주가 평소에 마음에 담아 두었던 자재들은 주요 외장자재, 창문, 벽지, 장판을 제외하고는 거의 대부분이 인테리어 가구종류입니다.

막상 건축공사를 시작하게 되면 얼마 지나지 않아 그게 다가 아니란 것을 알게 됩니다.

평소에는 생각도 해보지 않았던 자재들이 건축공사에 사용되게 됩니다.

예를 들면, 주차장바닥마감, 옥상바닥마감, 몰딩, 타일, 변기, 등기구, 난간, 전기스위치, 보일러 등등 셀 수도 없을 만큼의 자재들이 건축주의 결정을 기다리고 있습니다.

설계사무소 소장님이나 시공자가 알아서 해주지 않냐고요?

설계사무소 소장님은 평소에 자기한테 술 사주고 골프접대 했던 자재업체를 쓰려고 하고, 시공자는 같은 모양의 가장 싼 자재를 쓰려고 합니다. 건축주편은 없습니다. 다들 자기 이익에 따라서 움직입니다.

TV의 경우를 예를 들면, 삼성, LG, 대우 등 회사마다 가격과 성능이 다르고 또 외산일 경우 중국산, 미국산이 가격과 성능이 천차만별입니다.

한 회사 제품에서도 마찬가지로, 같은 삼성TV라고 하더라도 모델마다, 대리점마다, 인터넷 사이트마다 가격이 다르지요?

지금 선정하려고 하는 자재도 마찬가지입니다.

같은 바닥 장판이라고 하더라도 종류도 다양하고, 가격도 천차만별입니다. 같은 LG장판제품이라고 해도 대리점마다, 모델명에 따라 다릅니다. 또 회사가 지정이 안 되어 있다면 시공자는 시 외곽에 있는 조그마한 공장에서 생산되는 이름없는 장판을 쓰려고 하겠지요.

그러면 건축주 입장에서 어떻게 하면 최적의 자재를 선정할 수 있을까요? 여기서 '최적'이라는 말은 '최고'와는 다른 말입니다. '최고'라는 말은 품질도 최고, 가격도 최고인 것이고 '최적'이라는 말은 내가 생각하는 가격에서 가장 좋은 것을 말합니다.

그 방법을 알려드리겠습니다.

먼저, 설계자와 시공자에게 건축주가 생각하는 모양, 색상 등을 알려주고 가능하다면 제조회사명까지 알려주시고 샘플을 받으십시오.

샘플은 가능한 3가지 이상, 5가지 정도를 받아보고 마음에 드는 것이 있으면 선택하면 되고, 만약에 마음에 들지 않는다면 건축주가 직접 알아본 자재를 시공자에게 지정해서 알려주십시오.

그러면 거의 대부분의 시공자가 건축주가 선정한 자재는 가격이 비싸서 사용하지 못한다고 얘기할 것입니다.

그러면 또 대부분의 건축주들은 할 수 없이 시공자에게 끌려가게 되는데요, 공사 끝나고 나서 내내 찜찜한 마음이 드는 경우가 바로 이런 경우입니다. 내가 내 건물 짓는데 내가 마음에 드는 자재를 쓰지 못했다는 것.

이럴 때 물러서지 마시고, 공사비에서 그 자재에 해당하는 비용을 물어보고 그 비용을 나중에 빼는 조건으로 건축주가 직접 자재를 사서 주겠다고 하십시오. 건축주가 자재를 직접 사다가 주는 것을 정부공사(관공사)에서는 '지급자재'라고 하는데 특별한 것이 아닙니다.

이리되면 시공자는 실제로 들어가는 비용보다 더 적게 얘기를 할 것입니다. 그래야 시공자의 이윤이 더 남을 테니까요. 이때, 시공자를 한번 놀려주려면, 시공자가 금액을 적게 얘기할 때, 그 자재로 원래 그 자재로 적용이 안 되어 있던 다른 부분도 공사하라고 해 보십시오. 시공자는 단가를 원래보다 적게 불렀기 때문에 낭패라고 생각하고 어쩔 줄 모를 겁니다.

아무튼 공제하는 금액이 건축주가 직접 사는 비용보다 적어 비용이 일정부분 더 들어가더라도 건축주가 하고 싶은 자재를 사용하는 것이 여러모로 좋습니다. 특히 정신건강에 좋습니다. 그리고 시공자입장에서도 밑지는 것이 아니기 때문에 원만하게 일이 진행됩니다.

시공사가 딴 맘먹지
못하게 하는 방법

건축을 시작할 때 모이는 사람들은 모두 '돈' 때문에 모이는 사람들입니다. '돈'이 나가는 사람은 건축주 혼자입니다. 나머지 사람들은 모두 건축주에게 '돈'을 뜯어내야(?)하는 사람들입니다. 그래서 건축주는 외롭습니다. 외로울 때 멘토나 코칭을 찾는 것도 좋은 방법입니다.

돈을 벌기 위해서 모인 사람들 중에서 가장 크게 돈을 줘야 하는 사람이 시공자입니다. 그런데 이 시공자가 딴 맘을 먹게 되면 여간 낭패가 아닐 수 없습니다.

사람이 나빠서 일수도 있지만 상황이 나쁜 사람을 만들기도 합니다. 특히 건축일에서는 더욱 그렇습니다. 얘기를 하다 보니, 일을 하다 보니 시공자가 처음 생각했던 것보다 '돈'을 받아낼 구멍이 많이 보인다면 시공자는 그 길로 안 갈 이유가 없습니다.

그러면 이 시공자가 딴 맘을 먹지 않게 하려면 어떻게 해야 할까요.

어렵게 얘기하면 한도 끝도 없겠지만, 소규모 건축현장에서는 아래의 몇 가지만 정해 놓으면 별 문제 없습니다. 문제는 이 정도도 안 해 놓는다는 것이지요.

첫 번째, 계약이행보증 수령
두 번째, 계약금과 기성금 조건
세 번째, 지체보상금
네 번째, 변경시에 공사비 변경조건 지정
다섯 번째, 공사포기각서, 유치권포기각서 수령
여섯 번째, 하자이행보증 수령

첫 번째, 계약이행보증 수령입니다.

건축주와 시공자 사이에 계약서에 서로 날인을 하고 나면 일반적으로 건축주는 시공자에게 계약금(통상 공사비의 10%)을 줍니다.

그런데 만약 시공자가 계약금을 받고 연락이 안 되거나 잠적한다면 어찌하시겠습니까?

아니면 공사를 착수하기로 한 날이 되어도 일 할 기미가 안보인다면요.

소개해 준 사람한테 따지실 건가요? 매일매일 시공자 집으로 찾아 갈 건가요?

돈이 일단 넘어가면 그때부터는 '을'의 입장으로 신분 이동되어 부탁하는 입장이 되어버립니다.

그렇게 되지 않으려면 어찌해야 할까요?

계약이행보증을 수령하면 해결됩니다. 이것은 표준민간도급계약서에도 표기되어 있습니다.

계약이행보증이란 계약사항을 이행하지 않을 경우에 입게 되는 손해에 대비하기 위해 공사금액의 10%에 해당하는 금액을 현금 또는 건설공제조합, 서울보증 등의 보증서로 징수하는 것입니다. 계약이행보증을 징수하는 시점은 보통 계약금을 줄 때입니다.

만약 계약의 사항을 상대방이 이행하지 않으면 현금으로 받았으면 쓰면 되고, 보증증권으로 받았다면 보증사에 가서 돈을 받으면 됩니다. 보증사에서는 그 돈을 시공자에게 받습니다. 그래서 일반적으로 시공자는 계약이행보증을 현금으로 내던, 보증서로 주던 간에 계약이행보증을 한 이후에는 함부로 계약사항, 특히 착수일을 어기지 못합니다.

> * 계약이행보증금 : 계약의 이행을 확보하기 위한 물적 담보로서 계약 불이행의 경우에 입은 손해의 배상을 용이하게 하려는 목적으로 상대방으로부터 일정한 금액을 징수하는 손해배상 예정액의 성격을 갖는다. ~중략~계약 보증금은 계약금액의 100분의 10 이상에 해당하는 금액

이다.

[출처 : 국방과학기술용어사전, 2011.]

중요한 것은 시공자는 '통상'이렇게 한다면서 '이행보증각서'로 대체하자고 할 텐데, 이행보증각서는 실제로 일이 터지고 나면 아무 의미 없는 종이라는 것을 아시게 됩니다. 각서 내용에 따라서 일이 해결될 수도 있겠지만 어렵게 됩니다. 계약이행보증증권은 시공자가 보증사에 저렴한 금액만 내면 되므로 반드시 수령하십시오. 시공자가 들어주기 난감한 요청을 할 때는 중간에 믿을 만한 중재자를 세우는 것도 좋은 방법입니다.

두 번째, 계약금과 기성금 조건입니다.

계약금은 위에서 얘기한 것처럼 계약이행보증을 수령하면서(동시이행) 지급하기 바랍니다. 그리고 중요한 것이 기성금 지불조건입니다.

대부분의 건축주들은 경험이 없기 때문에 시공자에게 "어떻게 드리면 돼요?" 또는 "통상 어떻게 합니까?"라고 물어봅니다.

한평생을 장사를 하면서 잔뼈가 굵으신 분들도 마찬가지입니다.

그런데 계약을 하면서 계약상대방에게 전권을 쥐어 준다는 것이 말이 되나요? 다른 것도 아니고 '돈'이 왔다 갔다 하는데도 말입니다.

시공자는 일 하기 전에 많이 받는 것이, 아니 일 시작하기 전에 최대한 많이 받는 것이 목표입니다. 시공자에게 맡겨 놓으면 계약금 30%, 중도금 60%, 잔금 10%로 하자거나, 계약금으로 공사비의 반을 달라고 하는 사람도 있습니다. 건축주는 그냥 망하는 겁니다.

절대로 이런 조건을 받아들이면 안 됩니다. 누차 얘기하지만 시공자가 공사에 투입한 돈보다 건축주가 시공자에게 더 많이 돈을 주게 되면 반드시 일이 터집니다.

이런 조건을 얘기하는 시공자와는 같이 일을 시작해서도 안 됩니다.

건축주가 먼저 이렇게 제시하십시오.

계약금은 10%이며, 계약이행보증을 수령하면서 지급하겠다.

기성금은 공사가 진행되는 상황에 따라서 공사완료분에 대해서 지급하며, 공사 진행에 따른 투입공사비의 증빙, 또는 자료를 건축주에게 송부하여 확인된 내용만 지급하겠다.

잔금은 사용승인 완료된 후(준공)에 지급하겠다.

계약금, 기성금, 잔금에 대해서 위와 같이 나누어 특히 기성금 부분을 세세히 나누어서 계약서에 써 넣고, 실제로도 그렇게 지급하여야 합니다.

기성은 전에 얘기한 것처럼 [이미 이루어진 것에 대해서 돈을 지불하는 것]입니다. 절대로 미리 주는 것이 기성이 아닙니다.

이 내용으로 인하여 공사 중 발생할 수 있는 대다수의 시공자관련 문제는 발생하지 않을 것입니다.

세 번째, 지체보상금입니다.

대형건설회사가 공사 준공일을 목숨보다 더 중요하게 생각하는 이유가 여기에 있습니다. 지체보상금은 정부공사(관공사)의 경우 '회계예규'등에도 언급이 되어 있고 표준민간도급공사계약서에도 명기가 되어 있습니다.

[표준민간도급계약서상 지체상금율]

8. 기성부분금 : (   )월에 1회 - 별지참조

9. 지급자재의 품목 및 수량

10. 하자담보책임(복합공종인 경우 공종별로 구분 기재)

공종	공종별계약금액	하자보수보증금율(%) 및 금액		하자담보책임기간
		( ) %	원정	
		( ) %	원정	
		( ) %	원정	

11. 지체상금율 :

12. 대가지급 지연 이자율 :

13. 기타사항 :

그럼에도 불구하고 소규모 건축공사에서는 건축주가 이것이 무엇인지 알지 못하기 때문에 막강한 힘을 가진 문구임에도 그 힘을 발휘하고 있지 못하는 실정입니다.

표준민간도급공사계약서상에는 [지체상금율]이라고 쓰여 있고 빈 칸으로 되어 있습니다. 통상 1/1000이나 3/1000으로 비율을 정하는데 이것의 의미는 공사가 준공일보다 지연되면 지연된 1일에 남은 공사금액의 1/1000이나 3/1000의 금액을 현금으로 건축

주에게 보상한다는 뜻입니다.

 예를 들면 총공사비 10억원에 10개월 공사를 하기로 계약이 되어 있는 경우에 공사기간 만료일이 지났는데도 아직 3억원어치의 공사가 남아 있다면,

 300,000,000원 × (3/1000) = 900,000원 / 1일

 즉, 하루에 90만원씩 건축주에게 보상을 해야 하며 이 돈은 매일 현금으로 납부되어야합니다. 한 달, 즉 30일이 늦게 된다면 90만원 ×30일 = 2,700만원입니다.

 이렇게 몇 달을 끌게 되면 시공자는 손해가 막심하게 됩니다. 그래서 대형건설회사에서는 준공일을 목숨보다 더 중하게 여깁니다. 천재지변이나 건축주의 변경 등으로 인한 날짜는 제외되지만 시공자에게는 엄청난 압박이 됨에 틀림없습니다.

 건축주는 시공자에게 공사 중에 간간히 지체보상금에 대해서 건축주인 나도 알고 있다는 어필을 할 필요가 있으며, 그래야 시공자가 더욱 더 공사기간을 준수하고자 하는 노력을 할 것입니다.

* 지체보상금 : 채무자가 계약기간 내에 계약상의 의무를 이행하지 못한 때 채권자에게 지불하는 금액을 말한다. 지체상금 또는 지체보상금으로 불리며 아파트 입주 지체보상금, 공사지체보상금이 대표적인 예다. 보상금은 계약체결 당시 당사자 간의 약정에 따라 정해진 일정률과 지체 날짜수를 곱해 산출되는 게 일반적이다. ~중략 ~ 보상금은 계약 불이행에 대한 보상성격을 띠고 있는 만큼 현금으로 지급되지만 당사

자 간 합의에 따라 유가증권으로 지급될 수 있다. 그러나 지체의 이유가 채무자의 귀책사유가 아닌 천재지변, 행정명령, 기타 불가항력적 원인에 의한 경우에는 채무자는 채권자에게 지체보상금을 지급할 의무가 없으며 채권자는 아무런 이의를 제기할 수 없다. 채무자는 단지 이 같은 사유를 채권자에게 통보하기만 하면 된다.

[출처 : 한경 경제용어사전]

네 번째, 변경시에 공사비 변경조건 지정

대형건설사에서 진행하는 대규모 건축공사의 경우에는 흙막이 가시설, 토공사 등 현장여건과 설계도면과의 차이 등으로 인하여 변경이 되는 경우가 많지만 소규모 건축공사에서의 변경은 대부분이 '건축주' 요청에 의한 변경, 또는 인허가 진행 중에 발생하는 변경이 대부분입니다.

특히 건축주요청사항의 경우 실 배치의 변경, 자재변경이 대부분인데 이런 일이 발생될 경우를 대비해서 공사비를 어떻게 정할 것인지 미리 서로 얘기해서 계약서에 명시해 놓아야 합니다. 표준계약서에도 이러한 문구가 있습니다만 계약시에 다시 한 번 확정을 해 놓습니다.

왜냐하면 시공자는 이런 방법, 저런 방식을 잘 알고 있지만 건축주는 처음 접하는 것이기 때문에 미리 정해 놓지 않으면 결국 시공자가 원하는 데로 '돈'이 결정되기 때문입니다.

금액을 확정하는 데는 여러 가지 방법이 있습니다만, 일위대가니 정부품셈이니 하는 복잡한 애기는 제쳐두고 현실적인 방법만 얘기하겠습니다.

먼저 건축주가 변경하려고 하는 것이 있다면 우선 시공사에게 변경 전, 후의 공사비 변동내용을 받으십시오. 그리고 그 금액에 대해서 만족할 만하다면 서로 합의서를 작성하여 날인을 하고, 만약 그 금액이 불만족하다면 다른 루트를 통해서 견적서를 받으십시오.

분명 시공자는 건축주가 제시한 견적서의 금액에 대해 동의하지 않을 것입니다. 시공자는 '결국 내가 하게 되어 있어. 지가 별수 있어?'라고 생각하고 강하게 얘기합니다.

이때, 끌려가지 마시고, "알겠다. 내가 다른 작업자를 붙이겠다"고 하면 십중팔구의 시공자는 가격조정을 얘기하기 시작할 것입니다. 만약 시공자가 계속 버틴다면 정말로 다른 작업자를 붙이십시오. 한번 끌려가기 시작하면 공사 내내 계속 끌려 다니게 됩니다.

건축주가 정말로 다른 작업자를 수배해서 작업을 하려고 하면 시공자는 얼마 지나지 않아 웃는 얼굴로 협의하자고 하면서 '다른 작업자를 붙이면 내가 뭐가됩니까 사장님~' 하면서 말을 걸어 올

것입니다. 그러면 적당히 가격 절충하여 기존 시공자에게 일을 진행시키시면 되겠습니다.

다섯 번째, 공사포기각서, 유치권포기각서 수령입니다.

사실 계약하면서 공사포기각서와 유치권포기각서를 수령하는 것은 앞뒤가 맞지 않은 일입니다.

공사포기각서와 유치권포기각서는 시공자가 휘두를 수 있는 비장의 무기를 빼앗는 것과 같습니다. 상당히 불쾌해할 수도 있는 내용입니다. 그러니 이것은 요구할 사항이 아니고 협의할 사항입니다.

공사포기각서와 유치권포기각서는 위 2장의 사례 중에 '공사 중에 시공자가 사라질 경우'를 대비해서 미리 받아 놓는 서류입니다.

> * 공사포기각서
> 공사에 대해 자신의 권리와 의무를 포기한다는 양식. 명기할 사항은 공사 포기자 인적사항, 계약금액, 포기대상, 특이사항, 작성일 등
>
> [출처 : 비즈폼 서식사전]

> * 유치권포기각서
> 공사에 대한 유치권을 포기하겠다는 의사를 표시한 서식.
> 유치권은 물건이나 증권을 소유한 자가 채무자로부터 채권을 변제받을 때까지 물건이나 증권을 유치할 수 있는 권리를 말한다. 유치권은 법정

담보물권이며, 점유로 공시된다. 그렇기 때문에 별도의 등기는 필요하지 않다.

유치권이 성립하려면 유치권의 대상이 되는 물건이 타인의 물건이나 유가증권이어야 한다. 또한 피담보채권이 목적물과 견련관계가 있어야 하고, 변제 의무가 있는 채권을 소유하고 있어야 한다.

명기할 사항은 공사명, 공사기간, 착공예정일, 준공예정일, 계약금액, 날짜, 주소, 주민번호, 연락처, 건축주 등

[출처 : 예스폼 서식사전]

시공자가 공사 중에 아무 말도 없이 사라지게 될 경우, 계약서상의 상대방인 시공자가 남아 있는 상태에서는 제3 시공자를 선정해서 공사를 재개하는 데 문제가 생깁니다. 왜냐하면 추후에 사라진 시공자가 나타나서 '내가 계약 당사자인데 왜 다른 사람에게 공사를 시켰느냐'며 자신은 계약을 이행하려고 했는데 건축주 때문에 이행을 하지 못했고 그로 인해서 손해를 봤으니 책임지라고 합니다. 적반하장이죠.

또 자신이 공사한 부분에 대해서 유치권을 주장하겠다고 하기도 합니다. 세상에는 별의별 사람이 다 있습니다.

만약 시공자가 사라졌을 때 제3의 시공자에게 나머지 공사를 맡기려면 사라진 시공자에게 '공사포기각서'와 '유치권포기각서'를 받아야 하는데, 사라진 사람한테 무슨 수로 받겠습니까? '공사포기각서'와 '유치권포기각서'가 없으면 법적으로 분쟁이 되었을 때, 이

두 가지 사항에 대해서 건축주가 스스로 증명을 해야 합니다.

만약을 대비해서 계약 전, 아직 건축주가 '갑'일 때. 적당한 구실을 대고 이 '공사포기각서'와 '유치권포기각서'를 받아 놓으십시오. 써먹을 일이 안생기면 다행이고 만약에 써먹을 일이 생기게 되면 수명단축을 5년은 버는 겁니다.

여섯 번째, 하자이행보증 수령입니다.

통상 대형공사에서 공사가 끝나고 난 뒤에도 건설회사가 열심히 하자처리를 해 주는 이유가 바로 여기에 있습니다. 회사의 이미지나 신뢰 때문이 아닙니다.

하자이행보증은 통상 공사비의 3%이며 공사가 끝난 후에 이를 현금이나 보증서로 받아 놓습니다. 이 또한 표준계약서에 빈칸으로 명기가 되어 있으니 계약시에 명기하기 바랍니다.

공사가 끝나고 정해진 하자기간(계약서에 명기) 내에 하자가 생기게 되면 시공자에게 하자처리를 해 달라고 요청합니다. 원만하게 하자처리가 마무리되면 좋겠으나 만약 시공자가 하자처리를 해주지 않을 경우에 하자이행보증을 '돈'으로 받았다면 그 돈으로 하자처리를 하면 되고 만약 보증서로 받으셨다면 보증사에게 그 공사비를 받으시면 됩니다.

* 건설산업기본법 시행령의 하자담보책임기간

[별표 4] 〈개정 2007.12.28〉

건설공사의 종류별 하자담보책임기간(제30조관련)

공사별	세부공종별	책임기간
1. 교량	①기둥사이의 거리가 50m 이상이거나 길이가 500m 이상인 교량의 철근콘크리트 또는 철골구조부	10년
	②길이가 500m 미만인 교량의 철근콘크리트 또는 철골구조부	7년
	③교량 중 ① · ② 외의 공종(교면포장 · 이음부 · 난간시설 등)	2년
2. 터 널	①터널(지하철을 포함한다)의 철근콘크리트 또는 철골구조부	10년
	②터널 중 ① 외의 공종	5년
3. 철 도	①교량 · 터널을 제외한 철도시설 중 철근콘크리트 또는 철골구조	7년
	②① 외의 시설	5년
4. 공항 · 삭도	①철근콘크리트 · 철골구조부	7년
	②① 외의 시설	5년
5. 항만 · 사방간척	①철근콘크리트 · 철골구조부	7년
	②① 외의 시설	5년
6. 도로	① 콘크리트 포장 도로(암거 및 측구를 포함한다) ② 아스팔트 포장 도로(암거 및 측구를 포함한다)	3년 2년
7. 댐	①본체 및 여수로 부분	10년
	②① 외의 시설	5년
8. 상 · 하수도	①철근콘크리트 · 철골구조부	7년
	②관로 매설 · 기기설치	3년
9. 관계수로 · 매립		3년
10. 부지정지		2년

11. 조 경	조경시설물 및 조경식재	2년
12. 발전 · 가스 및 산업설비	①철근콘크리트 · 철골구조부	7년
	②압력이 1제곱센티미터당 10킬로그램 이상인 고압가스의 관로(부대기기를 포함한다)설치공사	5년
	③① · ② 외의 시설	3년
13. 기타 토목공사		1년
14. 건축	①대형공공성 건축물(공동주택 · 종합병원 · 관광숙박시설 · 관람집회시설 · 대규모소매점과 16층 이상 기타 용도의 건축물)의 기둥 및 내력벽 ②대형공공성 건축물 중 기둥 및 내력벽 외의 구조상	10년
	주요부분과 ① 외의 건축물 중 구조상 주요부분	5년
	③건축물 중 ① · ②와 제15호의 전문공사를 제외한 기타부분	1년
15. 전문공사	①실내의장	1년
	②토공	2년
	③미장 · 타일	1년
	④방수	3년
	⑤도장	1년
	⑥석공사 · 조적	2년
	⑦창호설치	1년
	⑧지붕	3년
	⑨판금	1년
	⑩철물(제1호 내지 제14호에 해당하는 철골을 제외한다)	2년
	⑪ 철근콘크리트(제1호부터 제14호까지의 규정에 해당하는 철근콘크리트는 제외한다) 및 콘크리트 포장	3년
	⑫급배수 · 공동구 · 지하저수조 · 냉난방 · 환기 · 공기조화 · 자동제어 · 가스 · 배연설비	2년
	⑬승강기 및 인양기기 설비	3년
	⑭보일러 설치	1년
	⑮⑫ · ⑭ 외의 건물내 설비	1년
	⑯ 아스팔트 포장	2년
	⑰ 보링	1년
	⑱ 건축물조립(건축물의 기둥 및 내력벽의 조립을 제외하며, 이는 제14호에 따른다)	1년
	⑲ 온실설치	2년

비고 : 위 표 중 2 이상의 공종이 복합된 공사의 하자담보책임기간은 하자책임을 구분할 수 없는 경우를 제외하고는 각각의 세부 공종별 하자담보책임기간으로 한다.

만약 건축주가 하자를 스스로 처리하고 보증사에게 돈을 받게 되면 첫 번째, 시공자가 스스로 할 때보다 금액이 올라가고, 두 번째, 하자이행보증이 보증사에서 처리하게 되면 시공사는 행정처분 등의 제제를 받게 됩니다. 그래서 일반적인 시공자는 하자증권을 돌리기 전에 하자를 처리해 주게 됩니다.

공사가 끝나고 잔금을 시공자에게 줄 때 하자이행보증을 받은 다음에 잔금을 주기 바랍니다.

민원에 대하여

건물을 짓다보면 옆집 앞집 뒷집, 심지어는 골목길 끝에 있는 집에서까지 민원을 제기하는 경우가 있습니다.

처음 건축을 하는 건축주들은 생전에 남에게 험한 말을 들은 적이 없다가 이유도 모르고 험한 말을 듣게 되는 황당한 경험을 하기도 합니다.

'아니 지들은 건물지을 때 안 시끄러웠나? 왜 나한테만 그래?' 하는 생각이 들기도 합니다.

민원이라는 것은 상당히 자연스러운 결과입니다. 공사를 하게 되면 당연히 소음과 먼지(분진)이 생기게 되고 정해진 법을 따라야 하지만 현실적으로 그것이 마음대로 되지 않습니다. 그리고 옆집, 뒷집 입장에서 보면 인근에서 공사를 하게 되면 자기들에게 이득

되는 것은 단 하나도 없는 데 시끄럽고 먼지 날리고, 큰 차들이 오고가니 아이들도 위험해 보이고, 좋지 않은 시선으로 보는 것이 당연합니다.

그러면 어떻게 해야 할까요?
어떤 건축주분이 공사를 시작하기 전에 이런 말을 들었습니다.
"공사 시작하고 주위에서 시끄럽고 위험하다고 민원을 제기하면 나서지 말고 뒤로 빠져 있으면서 시공자에게 해결하라고 하면 돼"
결과가 어떻게 되었을까요?

이 건축주가 말한 위와 같은 방식의 민원해결은 대형공사에서 대형 건설사와 일을 할 때 하는 방식입니다.
대형공사의 대형건설사는 책임준공이 대부분이고 공사에 대해서 원가를 책정할 때 그동안의 사례를 비춰 보고 '민원해결비용'을 산정해서 원가에 반영을 해 놓습니다. 그리고 민원을 제기하는 사람들도 익히 알고 있는 건설회사를 상대로 민원을 제기하지 들어보지도 못한 건축주(시행사)를 상대로 민원을 제기하지는 않습니다.

하지만 소규모 건축공사에서 위와 같이 건축주가 대응하게 되면 인근 주민들에게 '괘씸죄'에 걸리게 됩니다. 호미로 막을 것을 가래로도 못 막게 되어버립니다.

앞에 이야기한 건축주분께서는 주위에서 민원을 제기하자 시공자에게 해결하라고 하고 뒤로 빠지셨습니다. 시공자 입장에서는 황당할 따름입니다. 대형건설사에서 근무라도 해 봤다면 이해라도 할 텐데, 시공자 입장에서는 '뭐 이런 경우가 있어'라고 생각하였고 현장에 찾아온 민원인들과 한바탕 욕지거리를 해 댔습니다.

며칠 지나지 않아 시청에서 공무원이 현장에 나와 소음, 비산(먼지), 안전시설을 확인한다며 부산을 떨어대었고, 경찰서에서도 사람들이 나왔습니다. 남의 땅에 무단으로 자재들을 쌓아 놨고 그로 인해 시설물이 망가졌다고 재물손괴로 고소가 들어 왔다고 조사해야 한다고 얘기합니다.

건축주가 필자에게 전화를 걸어 어떻게 해야 하는지 물어봅니다.

"어떻게 하긴 어떻게 합니까? 민원 제기하고 고소한 사람한테 전화해서 선처를 부탁해야지요"

"조단장님이 대신좀 전화해 주면 안 되겠어요?"

"제가요?"

"난 이런 일 잘 몰라서."

"네, 연락해 볼게요."

필자가 건축주 동생이라고 하면서 자초지종을 들어보니 민원을 제기하신 분은 건축을 하고 있는 바로 옆 땅 주인인데, 앞으로도 장기간 건물을 지을 계획이 없어서 그 땅에 나무를 심었고, 나무를 심어 키우는 땅으로 관청에 신고를 하여 세금을 많이 감면을 받고 있었는데 관청에서 항공사진으로 컨테이너와 건축자재들이 쌓여 있는 것을 확인하고 세금이 전년보다 몇 배가 넘게 부과했다고 하는 것이었습니다.

전년도 세금부과내역과 올해 세금부과내역을 사진으로 받아보니 사실이었습니다.

세금차이 만큼을 지인인 건축주가 보전해 주기로 합의하고 대신 공사 중에 그 땅을 마음대로 써도 된다는 합의를 하고 마무리가 되었습니다.

이런 합의가 진행되는 동안에 시청공무원들은 안전시설 미비로 고발한다, 소음 데시벨을 측정해서 가지고 와라, 먼지가 날리니 물을 뿌려라 등등 하루에도 몇 번씩 확인을 하였고 그동안에는 공사 진행을 할 수가 없었다고 합니다.

공사 시작하기 전에 민원이 발생될 것으로 예상되는 집이나 사람에게는 공사를 시작하기 전에 미리 박카스라도 한 박스 사가지고 찾아가서 양해를 구하기 바랍니다.

우리나라 사람들은 아시다시피 예의를 갖추고 미리 양해를 구하는 사람에게 야박하게 하지 않습니다. 조금 불평해도 안면을 튼 사이에서는 많이 이해를 해 주십니다.

인허가, 이것만 알면
설계사무소도 내 뜻대로

소규모 건축공사를 진행할 때 통상적으로 건축주들은 설계자에게 인허가 사항을 일임해 놓고 연락이 오기만을 목빠지게 기다립니다. 인허가가 어떤 FLOW로 진행되는지 알지 못하니 설계사무소 소장님 연락을 기다리는 것 말고는 할 수 있는 것이 없습니다.

다행이 설계사무소 소장님이 열일을 제쳐 놓고 내 일처럼 해주시면 고맙겠으나 내 일만 하는 사람이 아니니 자연스럽게 본인이 판단했을 때 급하거나 인허가 절차를 알고 독촉을 하는 건축주의 일을 먼저 처리합니다.

그래서 기본적인 인허가 진행절차는 건축주도 알고 있어야 합니다.

그리고 막상 알고 보면 인허가 절차라는 것이 매우 간단한 FLOW로 진행된다는 것을 느끼게 됩니다.

기본적인 인허가 절차는 아래와 같습니다.

먼저 건축허가입니다.

1. 건축허가 접수

2. 건축과 담당공무원이 팀장, 과장에게 내부결재

3. 건축과 담당공무원이 관련부서(협의부서라 합니다.)에 의견을 물음(사회복지과, 건설과, 환경과, 도로과, 소방서, 경찰서 등)

4. 관련부서(협의부서)에서 건축과 담당공무원에게 의견을 보냄

5. 건축과 담당공무원이 협의의견을 종합하고 건축 관련법규는 건축과담당공무원이 확인

6. 협의의견이나 검토내용이 허가에 적합하면 팀장, 과장에게 내부결재

의 순서로 진행되며 건물의 용도, 규모 등에 따라서 협의부서의 수가 늘거나 줄거나 합니다.

당연히 협의부서의 수가 많으면 시간이 조금 더 걸리겠습니다.

이때 건축주가 설계사무소 소장님께 물어볼 때 "허가 언제 나와요?"라는 말 보다는 "협의부서 의견은 몇 군데나 왔습니까?"라고 물어보는 것이 설계사무소 소장님이 더 열심히 일을 하시게 되는 원동력이 됩니다.

만약에 건물을 지으려는 땅이 농지나 산지이면 개발행위허가가 동시에 또는 먼저 진행되게 되는데 기본적인 절차는 비슷합니다.

두 번째 사용승인입니다.

사용승인신청은 건물을 지으면서 사용된 자재에 대한 시험성적 서나 납품확인서, 엘리베이터 검사필증, 전기사용전검사 필증과 같은 필증들을 전부 모아서 허가대로 공사가 진행되었다는 것을 확인받는 것입니다.

절차는 건축허가 때와 비슷합니다.

1. 사용승인신청 접수
2. 건축과 담당공무원이 팀장, 과장에게 내부결재
3. 건축과 담당공무원이 관련부서(협의부서라 합니다.)에 의견을 물음(사회복지과, 건설과, 환경과, 도로과, 소방서, 경찰서 등)
4. 관련부서(협의부서)에서 건축과 담당공무원에게 의견을 보냄
5. 건축과 담당공무원이 협의의견을 종합하고 건축 관련 건축 과담당공무원이 확인
6. 협의의견이나 검토내용이 사용승인에 적합하면 팀장, 과장 에게 내부결재

그리고 사용승인 때는 건축허가와 다르게 3번 사항이 진행되는 즈음에 관내에 있는 건축사에게 해당 건물이 도면대로 공사가 되 었는지 확인을 하는 절차인 '제3건축사' 또는 '특검'이라고 부르는 행위가 추가가 됩니다.

그런데 건축허가나 사용승인 진행 중에 '보완'이라는 것이 있습

니다.

접수된 서류나 도면이나 자료 중에 무언가 누락되거나 잘못되었을 때 담당공무원은 바로 돌려보내는 '반려'를 하지 않고 고칠 수 있는 기회를 주는데 이것을 '보완'이라고 합니다.

이 '보완'이 나왔다는 것은 설계사무소나 시공자가 무언가를 누락했거나 잘못 작성을 했다는 것인데, 대부분의 설계사무소나 시공자들은 이러한 사항을 건축주에게 자세히 알려 주지 않습니다. 그리고 시간이 지연되는 대부분의 이유가 이 '보완' 사항을 빨리 보완해 주지 않기 때문입니다.

요즘 시청이나 구청의 담당공무원 컴퓨터 화면에는 매일매일 업데이트가 되는 카운터가 뜹니다. 처리해야 하는 일이 몇 개, 지연되고 있는 일이 몇 개, 내일까지 해야 하는 일이 몇 개인지 컴퓨터 화면에 계속 나타나 있습니다. 그래서 담당공무원이 고의로 업무를 지연시키는 경우는 거의 없습니다.

일 처리가 늦어지고 있다면 그것은 십중팔구 설계사무소나 시공자가 무언가를 하지 않고 있을 가능성이 큽니다.

짓는 것과 사는 것의
수익률차이

많은 건축주들이 내 건물을 지으려고 생각하다가 여러 가지 복잡한 일이 싫고, 건물 짓다가 고생했다는 사람도 많고 하는 일도 바쁘고 해서 마음을 돌려 지어져 있는 건물을 사려고 생각하기도 합니다.

마침 내가 원하는 위치에 내가 원하는 가격에 내가 원하는 규모의 건물이 적절한 타이밍에 나타난다면 충분히 고려해 볼 사항이지만 '돈'이 들어가는 항목에서는 다시 한 번 생각해 보아야 합니다.

다가구 원룸건물의 예를 들어보겠습니다.

월세 수익이 연 8천만원이라고 할 때 직접 시공을 해서 땅값 3억원에 공사비 7억원이 들어갔다면, 수익률은 8천만원 ÷ 10억원 / 100 = 8%입니다.

이 건물을 매매로 매입을 하게 되면 건축업자는 6%수익률에 맞춰서 팔게 됩니다.

8천만원 ÷ X원 / 100 = 6%

X원 = (8천만원 ÷ 6%)×100

    = 13억3천만원

건축업자는 건물을 매입하려는 사람에게 6%의 고정적인 수입이 생긴다며 13억3천만원에 사라고 합니다.

건축업자는 3억3천만원의 수익이 생기고, 건물을 매수한 사람은 원가보다 3억3천만원을 더 주고 건물을 사게 되는 결과가 나옵니다.

계산기를 들고 직접 계산을 한번 해보면 이해가 빠르실 것입니다.

그리고 더 중요한 것은 내가 평소에 원하던 마감과 형태의 건물을 지을 수 있고, 건물을 지으면서 하자가 적게 발생하도록 여러 가지 조치를 할 수도 있습니다. 집장사분들은 돈을 아끼기 위해서 눈에 보이지 않는 곳은 크게 신경을 쓰지 않습니다.

6장

·

꿈에 그리던
내 집 짓기

무엇에 중점을 둘지
먼저 결정하자

자기만의 건물을 짓는 것은 모든 사람들의 꿈입니다.

단독주택이나 전원주택일 수도 있고, 월세가 나오는 상가건물이나 상가주택, 다가구 원룸건물일 수도 있습니다.

일생에 한번 하기 힘든 나의 건물을 짓는 일인데 아무렇게나, 아무에게나 맡길 수는 없겠지요.

건축주가 건물을 짓기로 결정을 하였다면 건축주는 무엇에 중점을 둘 것인지 먼저 결정을 하여야 합니다.

건축에서 중요한 관리 포인트가 공사비, 공사기간, 품질, 안전이라고 언급하였는데요,

첫 번째로 내가 만약 나머지 여생을 보낼 단독주택이나 전원주택을 짓는다면 무엇에 중점을 두어야 할 까요?

여생을 보낼 주택을 짓는데 땅 면적에 꽉 차는 건물을 지어서 꿈에 그리던 잔디가 깔린 마당이나 텃밭을 포기해야 할까요?

아니면 공사비를 아끼기 위해서 단열이나 층간소음 등에 들어가는 비용을 아끼거나 듣도 보도 못한 세면대, 변기, 싱크대를 설치해야 할까요?

여생을 보낼 단독주택이나 전원주택을 짓는 건축주라면 일단은 평소에 마음속에 담아두고 상상해왔던 꿈에 그리던 집을 현실에 구현하는 데에 집중하기 바랍니다.

단독주택이나 전원주택은 전체 면적(연면적)이 많아도 60평을 넘는 경우가 많지 않아 단가가 좀 비싼 자재를 사용하더라도 전체 공사금액이 크게 많이 오버되는 경우는 많지 않습니다. 예를 들면, 타일의 경우 화장실2개, 다용도실 정도이고 평수로는 벽면적까지 합해도 20평남짓입니다. 타일가격이 평당 3만원이 비싸더라도 60만원의 차이밖에 나지 않습니다. 꿈에 그리던 내 집을 짓는데 중국산 저가 타일을 쓸 수는 없습니다.

위의 사례에 나왔던 '시공자가 사라진 전원주택'의 건축주는 평소에 마음속에 품고 상상해 왔던 자신만의 집이 빨간벽돌집이었습니다.

여러 종류의 벽돌샘플들과 시공현장들을 많은 공을 들여서 둘러보았고 벽돌의 단가는 1장당 400원부터 1300원까지 다양했습니다. 시공자가 사라지는 바람에 예기치 않던 손해를 보게 된 건축주는 장당 400원정도 되는 벽돌을 염두에 두었으나, 결국에는 중간정도 되는 가격의 벽돌을 선정하여 공사를 진행하였습니다. 가슴 아픈 일이 생겨 공사 중에 손해를 보기는 했지만 만약에 그로 인해 마음에 들지 않는 저가의 외벽자재를 사용하여 공사를 마무리하게 되면 그 건물을 보는 내내 안 좋았던 기억이 생각이 날 거라고, 차라리 나중에 바꿀 수 있는 집 내부의 가구공사를 줄이자고 필자가 제안을 했고, 건축주가 받아들여 그리 진행을 하였습니다. 집 내부의 가구는 살면서 한두 번은 바꿀 텐데, 건물의 외관을 희생할 수는 없지 않겠습니까? 건축주도 공사가 마무리 되고 잘 한 판단이라고 생각하고 있습니다.

이렇듯이 단독주택이나 전원주택의 경우에는 저마다 평생에 걸쳐 꿈꾸어 왔고 마음속에 담아놓은 것들을 현실에 펼쳐 놓는 것에 중점을 두는 것이 좋습니다. 설령 나중에 상황이 변하여 매매를 하여 그 집을 떠나는 한이 있더라도 말입니다.

그렇다면
두 번째로 상가주택이나 다가구 원룸건물은 어느 부분에 중점을 두는 것이 좋을까요?
상가주택이나 다가구 원룸건물의 경우에는 무엇보다도 하자예방입니다.

건축주가 계속 거주를 하는 단독주택이나 전원주택은 하자가 생기는 것을 건축주가 바로 알 수가 있고, 시공자에게 조치를 요청하거나 시간이 지나 하자기간이 끝나게 되면 건축주 스스로가 바로바로 알고 조치를 취할 수 있습니다.

하지만 임대를 목적으로 건물을 짓는 상가주택이나 다가구 원룸건물의 경우에는 건축주 본인이 한 차례도 거주를 하지 않고 바로 세입자를 들이게 됩니다.

이리되면 건축주 본인이 거주를 하지 않기 때문에 하자가 생긴 것을 바로바로 알 수도 없을뿐더러 임차인이 하자가 생겨 하자처리공사를 요청하게 될 경우에도 임차인, 작업자, 건축주 등 세 사람의 시간을 조율해서 작업시간을 잡아야 하고, 작업을 할 때도 임차인에게 아쉬운 소리를 해야 됩니다. 또 공실에서 하자가 발생하게 되면 임차인이 들어와서 그 하자를 건축주에게 얘기하기 전까지 건축주는 그 하자에 대해서 알지도 못하는 상황이 발생하게 됩니다. 특히 누수에 대한 하자가 발생하면 어디에서 물이 새는지 확인하기 위하여 전체 세입자에게 전달을 해야 하는 등 건물전체를 발칵 뒤집어 놓는 일도 발생됩니다.

대학교 앞의 원룸 건물에서 복도에 물이 고이는 현상이 발생한 사례가 있습니다. 1층은 주차장, 2층부터 4층까지 학생들이 거주하는 원룸건물인데, 이상하게도 3층 복도에 물이 고이는 것이었습니다.

외부에서 들어오는 물이나 윗층 화장실에서 새는 것이라면 가운데 복도가 아니고 원룸 방안에서 물이 보일텐데 이상하게도 가운데 위치한 복도에서 물이 비치는 것이었습니다.

물이 보이는 근처의 원룸 방의 바닥을 깨고 배관(XL 파이프)를 다 점검해 보고 화장실의 방수가 깨졌는지 방수도 다시 해봐도 원인을 알 수가 없었습니다.

결국에는 3층의 원룸 방 7개의 학생들에게 양해를 구하고 3층 전체를 단수를 시킨 상태에서 콤프레샤로 압을 걸어 방마다 새는 곳을 한 곳 한 곳 확인할 수밖에 없었습니다.

원인은 우습게도 가전제품 설치기사가 세탁기에 연결을 해 놓은 수도파이프가 느슨하게 연결이 되어 있는 바람에 연결부위에서 물이 조금씩 세어 나오고 있었던 것이었습니다.

만약에 이러한 누수 등의 문제가 건물 공사시에 무언가 잘못되어서 발생된 것이라면 임차인의 불편, 민원까지 건축주가 고스란히 안고 가야되는 상황이 발생됩니다.

임대를 위한 상가주택이나 다가구 원룸의 경우에는 향후의 유지관리 편리성부분도 공사에 반영을 하여야 합니다. 공용으로 사용되는 항목인 CCTV나 공용전기 코드, 공용 수도꼭지 등이 해당되는데 건축주가 매일 매일 지키고 있을 수 없고, 또 방범을 위해서 CCTV는 요소요소에 설치하는 것이 좋습니다. KT 등에서 설치하는 CCTV의 경우에는 월 사용료만 내면 무상으로 설치하여

줍니다. 특히 재활용장쪽에는 반드시 따로 설치할 것을 추천 드립니다.

또 공용 전기코드나 공용 수도꼭지를 설치하지 않으면 향후 청소나 수리 등의 작업을 할 때 세대 내에 거주하고 있는 임차인에게 부탁을 하고 써야 되는 경우가 발생될 수 있으니 미리 여분의 전기코드와 수도꼭지를 외부로 빼 놓는 것이 좋습니다.

그리고 상가주택, 다가구 원룸의 경우에는 앞에서 얘기한 단독주택이나 전원주택처럼 고급자재를 사용하는 것은 도리어 낭비입니다.

물론 공사비에 여유가 있으면 이왕이면 고가의 자재를 사용하는 것이 좋겠지만 임차인은 그것보다는 월세가 조금이라도 싼 것을 더 선호합니다. 중간정도 가격의 적정한 수준의 자재가 효율적입니다.

예를 들면, 상가주택, 다가구 원룸 건물의 경우에는 타일 자재를 구매할 때 모든 방이 같은 모양, 같은 색상으로 통일해야 할 필요가 없습니다. 203호 임차인이 307호 방에 들어가 보는 경우는 거의 없고 설령 들어가 본다고 해도 화장실이나 싱크대의 타일이 모양과 색깔이 다르다고 클레임을 걸 이유는 없습니다.

그래서 타일 같은 경우 타일가게에 소량으로 조금씩 남아 있는 타일을 구매하게 되면 상당히 저렴하게 살 수 있습니다. 타일 가게 사장님 입장에서는 한 박스, 두 박스 남아 있는 소량의 타일은 창고 자리만 차지하고 있는 애물단지입니다.

빌라나 아파트의 경우 모양과 색상이 같은 물건을 대량으로 납품하여야 하는데 3~4평 정도씩 소량으로 남아 있는 타일은 누가 사가려고 하지 않기 때문입니다.

상가주택이나 다가구 원룸은 말 그대로 방마다 모양이나 색상이 달라도 누구도 뭐라고 하는 사람이 없으니 타일가게 사장님과 협의하여서 저렴하게 구입하는 것도 알아볼 필요가 있습니다.

필자가 개인적으로 도시형생활주택 건물을 지을 당시에 아는 지인 중에 이태리산 타일을 도매하는 분이 계셨는데, 한두 박스씩 남아서 팔 수가 없고, 색상별로 양이 적어서 사려는 사람도 없는 타일이 있는데 창고에 자리가 없어서 저보고 운반비만 주면 넘기겠다고 하셨고, 제가 짓던 도시형생활주택에 사용하였습니다. 원룸형 도시형생활주택은 일반적으로 보이는 다가구원룸과 유사하고 규모만 조금 큰 것이라고 생각하면 되는데요, 원룸형이다 보니 이 방과 저 방의 타일의 모양과 색상이 같을 필요가 없었으며, 심지어 필자가 운반비만 주고 가져온 타일은 이태리제품 중에서도 상급에 속하는 자재들로 국산 고급타일보다 단가가 3~4배정도 비싼 자재였습니다. 입주한 임차인들도 타일이 고급스러운 것은 바로 아실 정도였습니다.

* 도시형생활주택 : 서민과 1~2인 가구의 주거 안정을 위하여 2009년 5월부터 시행된 주거 형태로서 단지형 연립주택, 단지형 다세대주택,

원룸형 3종류가 있으며, 국민주택 규모의 300세대 미만으로 구성된다. ~중략~ 원룸형은 세대별 주거 전용면적이 14㎡ 이상 50㎡ 이하인 주거 형태로서 세대별로 독립된 주거가 가능하도록 욕실과 부엌을 설치하되 욕실을 제외한 부분을 하나의 공간으로 구성하여야 하며, 세대를 지하층에 설치하는 것은 금지된다. ~하략~

[출처 : 두산백과]

* 다가구주택 : 주택으로 쓰이는 층수(지하층 제외)가 3개 층 이하이고, 1개 동의 주택으로 쓰는 바닥면적(지하주차장 면적 제외)의 합계가 660㎡ 이하이며, 19세대 이하가 거주할 수 있는 주택을 말한다. ~중략 ~ 다가구주택은 「건축법」에 의한 용도별 건축물의 종류상 단독주택에 해당한다.

[출처 : 토지이용 용어사전, 2016.]

이처럼 임대수익을 위한 상가주택이나 다가구원룸 건물의 경우에는 그 특성에 맞도록 하자예방이나 유지관리상의 편리성, 적정한 가격의 자재사용을 중점으로 두는 것이 좋습니다.

세 번째, 상가건물의 경우에는 무엇에 중점을 두어야 할까요?

상가건물은 위에서 얘기한 단독주택이나 전원주택, 상가주택, 다가구 원룸 건물과는 완전히 다른 관점에서 접근합니다. 왜냐하면 건축주가 인테리어 공사를 할 필요가 없기 때문입니다. 최소한의 천정, 바닥마감정도만 하고 사용승인을 받습니다. 그래서 공사비도 창고건물 다음으로 평단가가 저렴합니다.

건축을 할 때 건축주가 중점을 두어야 하는 사항은 하자예방 외에 장애인 관련사항과 소방관련사항, 피난시설입니다. 아무래도 상가건물은 주거용보다는 소방관련법에 해당하는 것이 많습니다.

건물마다 다르겠지만 기본적으로 장애인관련사항은 점자블럭 설치, 난간, 점자표시등이 있고, 소방관련에는 감지기, 자탐설비, 스프링클러설치, 피난거리등이 있으며, 피난관련사항은 복도폭, 피난방향, 피난층, 완강기 등의 규정이 있습니다.

건축주는 공사 중에 혹시라도 시공자가 장애인 관련사항이나 소방시설, 피난관련 사항을 누락하고 시공하고 있는지 설계자나 감리자에게 계속 확인하여야 합니다.

상가건물은 골조공사와 외벽마감, 공용화장실, 공용계단과 복도, 엘리베이터 정도만 공사가 진행되기 때문에 공사비나 공사기간이 다른 공사에 비하여 간단합니다. 위에 얘기 나온 사항만 지켜진다면 큰 어려움 없이 마무리 될 것으로 생각됩니다.

같은 값이면
좋은 걸로

단독주택이나 전원주택을 지을 때 염두에 두고 있는 자재, 내외부 마감, 인테리어하고 상가주택이나 다가구 원룸건물을 지을 때 염두에 둔 자재나 내외부마감, 인테리어가 같은 수준일 수는 없습니다.

하지만 단독주택이나 전원주택의 경우를 포함해서 어떤 건물을 짓더라도 건축주는 각종 공사에 대해서 예상하는 공사비가 있습니다.

우리가 보통 인터넷 사이트에서 간단한 생필품을 살 때도 가격은 물론이고 택배비가 포함인지 아닌지 까지 여러 곳의 사이트를 비교해 가면서 고르는 이유가 같은 회사의 같은 제품일지라도 파는 곳에 따라서 가격이 차이가 많이 나는 경우를 종종 봅니다.

필자가 이야기하고 싶은 점이 바로 그것입니다. 하물며 생필품을 살 때도 이곳저곳 알아보고 택배비가 포함인지 아닌지 알아보면서도 정작 큰돈이 들어가는 건물을 지을 때는 그 만큼 많이 알아보지 않습니다.

같은 값이면 이왕이면 좋은 자재, 좋은 제품을 건축주가 스스로 알아보고 시공자에게 제안하고 요구하는 노력이 필요합니다. 시공자와 계약을 했으니 알아서 해 주겠지 라고 생각하고 신경을 쓰지 않는 순간 독자 여러분의 건물은 본인이 생각하던 것과는 다른 건물이 되어 갑니다.

크게는 엘리베이터 제작회사를 현대로 할지 오티스, 티센크루브로 할지부터 창문, 유리, 난간, 바닥재, 현관 자동문, 작게는 디지털도어록, 현관문 호실번호, 우편함, 재활용함까지 하나하나 건축주가 직접 알아보고 내가 들인 돈의 범위 안에서 찾을 수 있는 제일 좋은 것을 사용할 수 있도록 시공자를 독려하십시오.

위에 이야기한 것처럼 만약에 시공자가 건축주의 제안을 돈 때문에 받아들이지 않는다면 그에 해당하는 비용을 공제하고 '건축주 지급자재'로 돌리는 경우가 생기더라도 내 건물을 짓는데 시공자의 의지대로 진행되도록 놔두지는 않기를 바랍니다.

수도권 전원주택
얼마면 지을 수 있을까?

　수도권에 세컨하우스로 전원주택을 짓는 사람들이 많이 늘고 있습니다. 예전에는 거주하는 집을 아예 도심에서 전원주택단지로, 생활터전을 아예 옮기는 경우가 많아 주택의 규모도 크고 공사비도 많이 들어가는 형태가 유행했었는데, 전원생활의 불편함과 편의시설의 부재 등의 이유로 다시 도심으로 돌아가는 현상이 발생하였습니다.

　지금은 생활의 터전을 이동하는 방식보다는 세컨하우스 개념으로 전원주택을 많이 선호하는 추세입니다.

　아마도 이러한 추세는 당분간은 지속될 것으로 보입니다. 사람은 누구나 마당이 있고, 텃밭이 있는 전원생활을 꿈꾸니까요.

　그러다보니 예전보다는 주택의 규모가 작고 전원생활과 편의시설, 접근성이 좋은 곳을 선호하는 추세입니다.

그러면 용인이나 이천 등지에 세컨하우스용 전원주택을 지으려면 얼마정도의 금액이 들어갈까요?

지역마다 땅값이 다르고, 건물에 따라서 공사비가 천차만별이기 때문에 딱 맞는 금액을 이야기하는 것은 불가능한 일이지만, 독자 여러분들께서 대략적인 '감'을 잡을 수 있는 정도의 수준에서 이야기해 보겠습니다.

우선 땅값입니다. 서울과 아주 가까운 성남, 광주 일부의 땅값은 논외로 하고 서울에서 약 한 시간 정도 떨어져 있는 용인, 양평, 이천 등지의 토목공사가 완료되어 있는 소규모 전원주택부지는 평당 약70만원~100만원 정도입니다.
약 120평에 평당 80만원으로 보면 9천6백만원, 세금 등 비용을 생각하면 약 1억원정도 들어갑니다.

전원주택을 건축면적 24평, 2층으로 계획하여 연면적 40평정도로 생각한다면 공사비는 대략 평당 500만원으로 산정시 약 2억원정도 소요될 것입니다. 이정도 금액은 고급주택은 아니고 그냥 아늑한 전원주택정도의 수준이며 설계나 자재에 따라서 가감이 있을 것입니다.

땅값과 건축비용을 계산하면 땅값 약 1억원에 공사비 약2억원으로 합계 3억원이면 서울 외곽에 나만의 세컨하우스를 가질 수 있으며, 어떤 땅, 어떤 건물을 짓느냐에 따라서 더 저렴하게 지을 수도 있습니다.

그리고 덧붙이고 싶은 이야기는 전원주택을 지으려면(상가주택이나 다가구 원룸건물도 마찬가지이지만) 남이 지어놓은 건물을 사지마시고 시간이 걸리더라도 꼭 직접 땅을 사서 직접 지으시기를 추천드립니다.

필자의 경험 상 직영으로 직접 지어도 챙기지 못해 아쉬운 부분이나 하자가 걱정되는 부분이 생기게 되는데 팔려고 지은 집이 오죽할까. 하는 생각이 듭니다.
그리고 직접 지으면 3억원이면 되는 전원주택이 완공된 것을 매입하게 되면 4억원~5억원 까지 가격이 올라갑니다. 직접 짓게 되면 그 차액인 1억원~2억원을 아낄 수 있어 건축주의 여유자금으로 남게 됩니다.

필자가 예전에 개인적으로 다가구 원룸 건물을 지을 때 엘리베이터 피트하부의 위치가 건물 중 가장 깊게 파지게 되므로 장마철에 비가 들어와서 물이 차면 어떻게 하나 하는 걱정을 한 적이 있었습니다.
결국에는 엘리베이터 피트 바로 옆에 붙여서 엘리베이터 피트보다 더 깊게 집수정을 만들어서 들어오는 물을 강제배수를 유도한 경우가 있었습니다.

필자가 직영으로 공사를 하고 있음에도 불구하고 방수공사를 하는 작업자나 전기, 설비 작업자들은 추가적으로 귀찮은 일이 생기는 것이 싫어서 필자에게 '걱정하지 말라'고 다른 건물들 다 그냥 하는데 뭐 그리 유난을 떠냐고 이야기했습니다.(작업자들에게는 돈도 되지 않고 일만 힘들고, 생색도 안나는 일입니다.)

하지만 20년 이상 건축관련 업무에 종사하며 건축기술을 익힌, 대한민국 기술자격 중에 최고라고 불리는 '건축시공기술사' 자격을 보유하고 있는 기술자로서 생각해보면 강제배수용 집수정은 반드시 있어야 하는 것이었습니다. 지금 당장, 2~3년간은 엘리베이터 피트에 물이 안들어 오겠지만 시간이 지나 틈이 벌어져서 물이 새어 들어오기 시작한다면 기계장치로 되어 있는 엘리베이터에 손상이 생길 것이고 엘리베이터에 사람이 갇히게 되는 등의 사고도 발생될 것으로 예상되었습니다.

작업자들의 반대의견에도 불구하고 난공사인 지름 1M,깊이 2M 의 집수정을 만들고 강제배수장치를 만들어 놓았습니다.

* 엘리베이터피트 : 엘리베이터 샤프트 최하부에 두어진 완충용 공간. 엘리베이터 케이지가 만일 낙하한 경우를 위해 필요한 완충기가 설치되어 있다. 깊이는 약1.2M~1.5M정도이다.

[출처 : 현대건축관련용어편찬위원회 건축용어사전]

이 일이 있은 후에 특히 더 집장사들이 지은 건물은 절대로 사면 안 되겠다는 생각을 하게 되었고 주변분들에게도 그리 권하고 있습니다.

　돈을 남겨야 하는 집장사들이 당장에 보이지 않는 미래의 하자
예방을 위해서 적지 않은 돈을 건물에 투자하겠습니까?
　본인만의 건물을 가지시려면 반드시 직접 지으시기 바랍니다.
지을 때는 힘들어도 짓고 나면 걱정근심이 없어집니다.

성공적인 건축의 열쇠는
당신이 가지고 있다

내가 원하고 꿈꾸던 건물을 완성하기 위해서는 건축주도 부단히 움직이고 많이 알아보고 공부를 해야 합니다.

내가 머릿속에만 생각하면서 얘기하지도 않았고, 표현하지 않은 것들을 시공자나 작업자들이 알아서 해줄 수는 없는 법입니다.

독자 여러분은 성공적인 건축이란 어떤 것이라고 생각하십니까?

성공적인 건축이란 정해진 공사기간 안에, 정해진 공사비 내에서, 하자 없고 안전사고 없이 마무리되는 건축을 말한다고 할 수 있습니다.

5장에 나오는 건축주가 결정해 줘야하는 사항들을 제 때에 결정해 주지 못하게 되면 자재 생산시간, 운반시간(외산자재) 등 준비기간(LEED TIME)이 소요되어 그만큼 공사기간이 지연되고 향후에는 건축주의 입주계획이나 임대계획 등에 차질이 생기게 되는 원인이 됩니다.

이런 경우에는 시공자에게 공사기간 지연에 대한 책임추궁도 할 수가 없게 됩니다.

또 시공자나 작업자들에게 초기에 너무 많은 돈을 지급하게 되면 1장, 2장에 나오는 문제가 발생할 수 있겠지만 또 건축주가 자금계획 없이, 또는 자금이 융통되지 않아 시공자나 작업자들이 일한 부분에 대해서 돈을 지급하지 못하는 경우가 반복되면, 소문이 퍼져 그 현장은 작업자들이 기피하게 되어 공사기간이 지연되고, 더 많은 일당을 현금으로 바로 주어야 작업자들이 일을 나오는 상황이 발생될 수 있습니다. 그러니 독자 여러분께서는 건물에 너무 욕심을 내서 본인이 활용할 수 있는 돈에 비해서 너무 빠듯하게 계산하여 공사를 하게 되면 공사 중에 예기치 못하게 생기는 문제에 대해서 대처할 수 없게 됩니다. 전체 공사비의 5%정도는 예비비로 항상 비축해 놓으시기 바랍니다.

건물을 짓는 것은 '건축주'의 평생의 꿈을 실현시키는 것입니다. 그럼에도 불구하고 많은 예비 건축주들은 건물을 짓는 것에 두려움을 가지고 있습니다.

그 두려움의 대부분은 '내가 생각한대로 건물이 지어지지 않을까?'라는 걱정보다는 주위에 많은 사람들이 건물을 짓다가 시공자들이나 작업자들로 인한 여러 가지 머리 아픈 일들을 겪는 것을 직 간접적으로 보고 들었기 때문일 겁니다.

이 책을 읽고 계시는 독자분들은 한 발 떨어져서, 객관적 관점에서 내 건물 짓는 것을 바라보기 바랍니다.

결국 내가 짓는 건물의 현장에 모여서 여러 가지 종류의 일을 하고 있는 많은 사람들은 여러분들에게 고용되어, 여러분의 돈을 받고 일을 하고 있는 사람들입니다.

적지 않은 돈을 들여서 '내' 건물을 짓는데, 시공자든 작업자이든 나에게 이래라 저래라 할 권한이 있는 사람은 단 한사람도 없습니다.

건축주가 대장이고, 오너이고 최고결정권자입니다. 마음에 들지 않으면 고치라고 얘기하고 돈을 지불하셨으면 그 값어치를 하도록 종용하셔야 합니다.

이천에 살고 계시는 김사장님은 PC방과 당구장을 운영을 하면서 모으신 돈으로 부모님께 물려받은 땅에 얼마 전에 다가구 원룸 건물을 지으셨습니다. 여러 해 동안 PC장과 당구장을 운영하였기에 주변에 아는 사람도 많고 신세를 졌던 형님 동생들이 여러 명 있었습니다.

그래서 자신이 다가구 원룸건물을 지을 때 그동안 신세를 졌거나 친하게 지내던 철물점 형님, 샤시하는 친구, 미장업하는 동생

등 지인들에게 자신의 다가구 원룸건물 짓는데 참여를 시켜 조그마한 보답을 하고 싶은 마음이 있었습니다.

하지만 다가구 원룸 공사를 맡아서 하던 시공자는 이미 할 사람이 정해져 있다고 얘기하거나 그 사람들에게 일을 맡기면 그 부분에 대해서는 자기가 관리하지 않겠다고, 나중에 문제가 생겨도 책임질 수 없다는 말까지 하며 시공자가 데리고 온 작업자들에게 일을 맡도록 하였습니다.

건물을 짓기 전에 호기롭게 주변 사람들에게 일 맡기겠다고 얘기했던 김사장님은 공사는 무사히 마무리 되었지만 주변사람들에게 얼굴을 들지 못하는 경우가 생겨버린 것입니다.

자기 돈으로 공사를 하면서 왜 자기 마음대로 하지 못하는 지 이해가 안 됩니다. 같은 값이면 지인에게 일을 맡길 수도 있는 것이고, 조금 비싸더라도 내가 돈을 내겠다고 하며 할 수도 있는데 말입니다.

결국 건축주가 되어 내 건물을 짓는다는 것은 시공자, 작업자들에게는 강약을 잘 조절해야 하고, 결정을 할 사항은 신속하고 정확하게 해야 하며, 잘하는 작업자는 더 잘할 수 있게, 못하는 작업자는 과감하게 손절할 수 있어야 가능합니다.

건축주는 오케스트라의 지휘자이다

필자는 건축주를 자주 오케스트라의 지휘자에 비유합니다.

건축공사는 많은 사람들이 다양한 작업을 동시에 또는 순서에 맞춰서 진행합니다.

* 오케스트라의 지휘자

지휘자는 관악기, 현악기 및 타악기 등을 연주하는 관현악단을 지휘하고 화음을 연출하기 위해 합창단을 지휘하는 일을 담당한다. 연주를 심사하여 기악연주자를 선정하고, 계획된 공연에 적합하고 연주자들의 재능과 능력에 알맞은 연주곡을 선정한다. 각 악기의 화음이 균형과 조화를 이룰 수 있도록 하기 위하여 연주자들을 적절히 배치한다. 음악 작품을 해석하여 음색과 화음이 조화되고, 리듬, 빠르기 등의 음악적 효과를 낼 수 있도록 연주자들을 연습하고 지휘한다. 악보를 편곡하기도 하고 지방 또는 해외연주계획을 수립하기도 한다.

[출처 : 한국직업능력개발원]

오케스트라에서 지휘자는 바이올린을 연주하는 연주자보다 바이올린을 더 잘 연주하지 못합니다. 플루트 연주자보다 플루트를 더 잘 연주하지도 못하지요. 각각의 악기 연주자들은 자신이 연주하는 해당 악기에 대해서는 모두가 전문가이고 오케스트라의 지휘자보다 해당 악기에 대해서 경험도 많고 아는 것도 많고 임기응변도 가능하겠지요.

하지만 바이올린 연주자는 심벌즈가 어느 타이밍에 치고 들어와야 하는 지 별 관심이 없습니다. 오랜 시간 같이 했기 때문에 대략적으로 언제 정도 되겠구나 하고 생각은 하겠지만 별 관심은 없습니다. 자기 일도 아니고요 심벌즈 연주자도 자기가 연주해야 하는 타이밍만 잘 맞춰서 훌륭하게 연주하면 자신의 의무는 잘 한 것입니다. 음악을 좋아해서 연주자가 되었으니 다른 악기들의 연주에도 관심은 있겠지만 책임이나 권한은 없습니다. 간혹 바이올린 연주자와 심벌즈 연주자가 음악적 견해가 달라서 언쟁을 벌일 수도 있겠지요. 이때 오케스트라의 지휘자가 중재를 해야 합니다.

건축주 입장에서 보면, 오케스트라의 구성원에 해당하는 사람들이 크게는 설계자, 시공자, 감리자일 수 있겠고, 공사 중에는 골조작업자, 미장작업자, 벽돌작업자, 외벽마감 작업자, 설비작업자, 전기작업자 등이 될 수도 있겠습니다.

설계자, 시공자, 감리자라든지, 골조작업자, 설비작업자등이 바이올린 연주자가 되겠습니다.

자기 분야에서는 각자가 최고를 자부하겠지만 다른 분야에 대해서는 그다지 관심이 없습니다. 관심을 가질 이유도 없고요. 특히나 이곳은 '돈'을 벌기 위해서 모인 곳이니 말입니다.

미장작업자는 자신이 작업을 해야 하는 시점에 맞춰서 현장에 나가서 일을 하고 그 일이 마무리 되면 다른 작업은 하든 말든 상관없이 현장을 나옵니다.

간혹 설계자와 시공자가 다투기도 합니다. 시공을 할 수 없는 설계도면을 그려 놓았다고 시공자는 주장하고, 설계자는 시공이 가능한데 시공자가 능력이 안 되어서 못하는 거라고 다투는 일이 생깁니다. 또 어떨 때는 골조작업자와 전기작업자가 다투기도 합니다. 다투는 이유는 대부분 자기 일을 해야 하는데 다른 작업자가 방해를 하거나 또는 자기가 해놓은 일을 다른 작업자가 훼손을 하기 때문이죠.

이렇게 건축 일을 하는 각각의 사람들이 다투거나 의견의 차이를 보이게 되면 이때는 건축주가 나서야 합니다. 건축주는 이 사람들 모두에게 '갑'의 위치에 있는 사람입니다.

그런데 만약 이 '중재'를 하거나 '결정'을 해야 하는 최고결정권자가 중재나 결정을 하지 못하게 된다면 어떤 일이 발생될까요? 목소리 큰사람이 이기거나 힘 쎈 사람이 이기겠나요?

그렇기 때문에 건축주는 각각의 작업자들이 하는 일을 잘 할 필요는 없지만 누가 무슨 일을 왜 하는지는 알고 있어야 합니다.

그래야 올바른 중재와 결정을 내릴 수 있습니다. 만약 건축주가 그 중재와 결정의 전권을 누군가에게 일임을 한다면 건축주 또한 마찬가지로 그 사람에게 끌려 다니는 처지가 될 것이고 그것은 돈의 손실, 하자의 발생, 공사기간의 지연등으로 나타납니다.

이제 처음 예비 건축주의 길로 발을 딛으시려는 독자분들은 주변에 알아보셔서 크고 작은 오케스트라를 지휘한 경험이 많은 지휘자를 알아내어 찾아가서 묻고, 확인하고, 공부하기 바랍니다.

바이올린 연주자, 심벌즈 연주자에 해당하는 사람들인 설계자, 시공자, 감리자나 그보다 더 작은 범위인 미장 작업자, 설비작업자, 골조작업자를 찾으시면 시야가 자기분야에 한정될 수 있으므로 전체를 아우르는 오케스트라 지휘를 해 본 경험있는 지휘자를 만나시기 바랍니다.

악덕 시공자를 대하는
우리의 자세

악덕시공자란 어떤 사람을 말하는 걸까요?

2장의 사례에서 나온 사항들을 정리를 해보면 가장 황당하고 건축주에게 시간적, 금전적으로 가장 큰 손해를 입히는 악덕시공자는 공사 중에 돈만 가지고 사라지는 경우이고, 두 번째가 공사 중에 지속적으로 돈을 더 요구하는 경우이며, 세 번째가 공사기간을 제대로 지키지 않는 시공자, 네 번째가 기술적인 능력이 떨어져서 공사를 제대로 하지 못해 건물을 잘못 지어 이러지도 저러지도 못하게 하는 경우, 다섯 번째로 자기고집만 부리다 건축주에게 손해를 입히는 경우가 되겠습니다.

위 다섯 가지 종류를 다시 크게 나누어 보면 두 가지로 나누어 볼 수 있는데요, 그 하나가 '돈' 때문에 건축주에게 해를 입히는 것, 다른 하나가 능력이 안 되어서 건축주에게 해를 입히는 경우입니다.

이 책의 내용 대부분이 '돈' 때문에 건축주에게 해를 입히는 경우에 대해서 대비해야 하는 사례와 대응방안에 대해서 이야기했습니다만, 사실 능력이 안 되어 건축주에게 해를 기치는 경우는 많이들 간과하는 경향이 있습니다.

지인분께서 친구 두 명과 같이 투자를 하여 수도권인근에 도시형생활주택을 지으셨습니다. 직장생활이 많이 남지 않았다며 의기투합해서 건축사업을 시작하였는데요. 설계를 끝내고 건축허가를 접수한지 3개월이 지나 4개월이 접어들었는데도 설계사무소 소장님은 기다리라고만 하였습니다.
당초의 계획은 건축허가를 1개월 예상하였고, 공사기간을 7개월 산정하였는데 건축허가로만 처음 계획된 기간의 반 이상을 잡아먹고 있었습니다.

지인분께서 설계사무소 소장님이 얘기하는 것을 알아들을 수가 없다고 도움을 요청하여 설계사무소 소장님을 만나보았습니다.

얘기를 들어보니, 설계사무소 소장님은 건축법규의 해석에 대해서 담당공무원과 의견의 차이가 있어서 협의 중이고 의견차이가 있는 부분에 대해서 국토해양부에 질의회신을 신청을 하였고, 질의회신이 완료되었는데도 서로 협의가 안 되어서 다시 공무원과 논쟁을 하다가 다시 국토해양부에 질의회신을 보내고, 몇 번에 걸쳐서 문서만 왔다갔다가 하고 있었습니다.

물론 그 설계사무소 소장님이 주장하신 내용이 방 개수를 2개정도 더 넣을 수 있어서 건축주들에게 많이 유리한 내용이었기는 하지만, 담당공무원 입장에서는 만약에 그 상태로 건축허가를 내주게 되면 감사를 받을 때 자기가 문제가 될 수 있다고 판단을 하고 있었습니다. 그리고 더군다나 그 담당공무원의 상사인 팀장도 담당공무원과 같은 의견이었으므로 설계사무소 소장님의 의견이 받아들여질 가능성은 거의 없어 보였습니다.

하지만 그 설계사무소 소장님은 자기 고집도 있고, 또 건축주들에게 호언장담한 것도 있고 해서 본인 주장을 굽히지 않고 있었습니다.

이렇게 되면 그 손해는 누구에게 전가될까요? 당연히 설계소장님에게 손해가 가지는 않겠지요. 물론 공무원과 협의하느라, 국토해양부에 질의회신 하느라 시간을 낭비하기는 하였지만 눈에 띄는 엄청난 손해는 아닙니다. 그리고 그것은 자신의 고집과 자존심 때문에 하고 있는 것이기도 하구요.

그 손해는 고스란히 건축주들에게 돌아오지 않겠습니까?

결국 그 설계사무소 소장님이 주장하던 대로 되지도 않았고 담당공무원의 의견대로 정리되고 5개월 만에 허가가 나왔습니다. 그 이후에는 필자가 그 일을 돕게 되어 공사는 원만하게 진행되고 잘 마무리 되었지만 처음 건축허가 단계에서 잡아먹은 5개월의 시간은 고스란히 늘어난 은행이자비용과 5개월치의 임대수익 손실로 남게 되었습니다.

이렇듯이 능력이 안 되고 일처리가 원만하지 않은 사람과 일을 하게 되면 눈에 보이지 않는 손해가 발생되며 그로 인해 직접적인 손해를 보는 것은 결국 건축주가 되겠습니다.

소규모 건축사업을 진행하실 때 지인이 소개를 하는 설계사무소나 시공자를 믿을만하다고 생각하는 건축주들이 많은데, 사실 문제가 생기는 대부분의 경우가 지인을 통해서 소개 받은 사람들입니다. 물론 소개를 해준 지인이 나쁜 마음을 가지고 소개를 해준 것은 아닐 것입니다만, 중요한 점은 객관적으로 '검증'을 하는 절차가 빠졌다는 것입니다.

앞서 이야기한 시공자가 사라진 전원주택의 경우에도 설계를 하며 1년 가까이 같이 이야기를 나누었던 설계사무소의 소장님이 소개를 해준 시공자였습니다. 소개를 해준 설계사무소 소장님도 그 시공자가 그런 마음을 먹고 공사를 맡아서 할 줄은 꿈에도 생각하지 못했습니다. 평소에 알고 지내고 같이 식사도 하고 골프도

치며 친해진 관계이고 실제로 같이 일을 해 보지도, 어떤 삶을 살아 왔는지도 모르는 사이였습니다만, 건축주 입장에서는 설계사무소 소장님이 소개를 해준 사람이니 믿을 만한 사람이려니 하고 안이하게 생각하셨습니다. 대다수의 건축주들이 그렇게 합니다.

이 책을 보는 독자분들께서는 설계자와 시공자를 선정하실 때 반드시 '검증'을 하는 절차를 거치기 바랍니다.

설계자의 경우에는 설계사무소는 반드시 방문하여 사무실의 규모, 기존에 설계를 하고 완공을 한 포트폴리오, 사무실의 보유기술자상태, 특히 건축주가 지으려고 하는 건물과 같은 종류의 설계를 얼마나 많이 경험한 설계자인지 확인하기 바랍니다. 그리고 가능하다면 허가관청과의 관계가 좋은지 나쁜지도 알아보기 바랍니다.
예전에 지인께서 개발행위허가를 위해서 같은 로터리클럽회원인 토목설계사무소 소장님께 일을 의뢰하였는데 그분이 00당에서 당직을 가지고 계신 분이었고, 마침 해당 관청의 수장이 반대편 당인 XX당 출신이었습니다. 허가가 나지 않은 것은 아니지만 일주일에 끝날 일이 20일이 걸리기도 합니다.

시공자의 경우에는 더 중요합니다. 시공자의 경우에는 사무실의 규모나 포트폴리오, 기술자보유 등도 중요하지만 가장 중요한 것은 그 시공자, 시공회사인 경우에는 회사의 대표가 어떤 이력을 가진 사람인지 굉장히 중요합니다. 건축공학에 대해서 정규교육 과정을 거친 기술자인지 아니면 부동산이나 은행퇴직자, 장사 등을 하다가 돈이 된다고 하니까 어깨 너머로 건축 일을 배운 사람인지.

결국 어떤 경력을 가지고 있는 사람인지가 굉장히 중요합니다. 사람은 자신이 겪고, 보고, 들은 것들이 자연스럽게 행동으로 나타나게 되어 있으니까요.

마지막으로 건축주들이 꼭 염두에 두어야 하는 것은 절대로 일이 마무리된 것을 두 눈으로 확인하고, 확인된 것에 대해서만 '돈'을 지불하기 바랍니다.

일을 시작도 하기도 전에 착수금이나 자재값 등을 운운하면서 돈을 달라고 하는 시공자가 있으면 처음 시작하기 전에 인연을 끊으시기 바랍니다. 시작하기 전에 인연을 끊고 다시는 안보는 것이 집짓다가 10년 늙지 않는 최고의 방법입니다.

7장

·

돈 아끼는
신축 노하우

설계로 공사비를
절감하라

일반적으로 접할 수 있는 건축공사시의 피해사례가 시공자에 대한 것들이 주를 이루기도 하고, 상대적으로 건축주가 실제로 지불하는 비용, 즉 설계비가 공사비에 비하여 크지 않기 때문에 이로 인한 피해는 간과하는 경향이 있습니다.

하지만 2장의 〔집짓다 10년 늙은 사례〕 중의 〔인천 병원건물〕의 사례와 〔이천 다가구주택〕사례, 또 짧게 언급한 〔인허가 지연으로 인한 피해〕 사례에서 나온 것처럼 설계사무소를 잘 못 선정하거나 설계사무소에서 일처리를 잘못하게 되면 건축업자를 잘 못 선정한 것만큼이나 건축주에게 막대한 정신적, 금전적 피해가 돌아오게 됩니다.

〔인천 병원건물〕의 사례에서는 다행히 건축주가 재산상으로 여

유가 있는 분이어서 공사는 마무리하고 병원을 운영하면서 시공자와 법적 다툼을 하였지만, 있는 재산을 모두 쏟아 부어 건물을 신축한 경우라면 그 피해는 건축주의 인생에 돌이킬 수 없는 것이 될 수도 있습니다.

[이천 다가구주택] 사례의 경우 임대용 원룸건물을 두 동을 보유할 수 있었음에도 설계사무소 소장님의 안이한 일처리로 인하여 평생에 걸쳐서 매년 임대료 6천만원의 손실을 보게 되었습니다.

[인허가 지연으로 인한 피해]의 경우도 마찬가지로 건축주는 공사가 지연된 5개월 동안의 임대소득과 은행대출이자만큼의 금전적 손해를 보았습니다.

건축공사시에 돈을 아끼는 방법 중에 근본이 되는 것은 그 시작이 바로 '설계'입니다.

건축주가 추구하는 디자인이나 기능을 가장 잘 반영하면서도 간결하고, 공사할 때 작업자들이 중복되지 않으며, 각 공종의 작업자들이 한 번에 들어와서 일을 마치고, 다음 순서의 작업자들이 마음 편하게 자신만의 작업을 할 수 있는 설계, 자재크기나 실 크기, 동선, 배치 등이 모듈화 되어 자재의 손실(LOSS)가 최소화되는 설계를 하는 설계사무소를 찾아야 합니다.

자재나 재료를 고가의 제품을 사용하여 디자인하기 보다는 입면 MASS(덩어리)의 변화를 이용하여 특화하는 디자인 능력을 가진 설계사무소를 선택하여야 합니다.

그리고 이러한 컨셉설계 뿐 아니라 시공자가 공사를 할 때 바로바로 알아 볼 수 있는 '디테일'에 대한 도면을 많이 제공하는 설계사무소, 또 인허가를 진행할 때 건축주의 일을 자신의 일처럼 열과 성을 다하는 설계사무소, 우리는 이런 설계사무소를 만나야 하겠습니다.

앞서 이야기한 바와 같이 저의 경험을 비추어 보면, 지인을 통해 소개받은 설계사무소가 오히려 문제가 생기는 경우가 많았습니다. 그 이유는 지인을 믿고 검증을 하는 절차가 생략되기 때문입니다.

설계사무소를 선정하실 때는 반드시 건축주가 지으려는 건물과 유사한 종류의 건물을 설계한 경험이 많은 설계사무소를 선정하기 바랍니다.

그리고 그 설계사무소가 설계한 건물을 직접 찾아가 보고, 가능하다면 그 건물의 건축주도 만나보아 의견을 청취하여 위에 언급된 내용들을 확인해 보기 바랍니다.

설계사무소 선정시 중요한 포인트는 첫 번째가 설계능력이고, 두 번째 공사원가개념, 세 번째가 인허가능력으로 이 세 가지 능력을 구비한 설계사를 찾으십시오.

건축주의 시간과 정성이 들어가는 일이겠지만 귀찮다고 생각되실 때 위에 언급된 3가지 사례를 다시 한 번 상기하기 바랍니다.

감당 못할 공사비가 들어가는 설계, 안이하게 일처리를 하는 설계사무소, 인허가 능력이 떨어지는 설계사무소를 피하는 것이 돈을 버는 길입니다.

감리자에게
권한을 위임하자

대부분의 건축주들은 본업을 가지고 있는 경우가 많습니다. 임대업을 하거나 은퇴를 한 상태가 아니라면 자신의 사업, 자영업, 직장 등으로 인하여 건축현장에 상주를 하며 공사현장을 확인할 수가 없는 경우가 대다수이고, 시공사에 일임을 하여 공사를 진행한다고 하여 그냥 마음 편하게 믿고 맡길 수는 없습니다.

확실하게 현장을 감독하고 싶다면 '감독관' 또는 '사업관리자 (PM)'라 불리는 건축주 대행자를 선임하는 것이 좋겠으나 여건이 안 된다면 모든 현장에 배치가 되는 '감리자'를 이용하면 되겠습니다.

예전에는 감리자의 감리대가(비용)가 설계자의 설계비의 1/3수준이었으나 근래에는 거의 설계자의 설계비에 근접하는 비용이 들어갑니다.

하지만 대부분의 소규모 건축현장의 경우에 '비상주감리'라 하여 특정 시기(기초배근, 필로티배근, 5개층마다 배근완료시, 각층 먹매김 완료시 등)에만 현장에 방문하여 확인하고 갑니다.

시간이 많지 않은 건축주들은 이 감리자를 적극적으로 활용하여 시공자를 콘트롤하면 많은 도움이 됩니다.

업무분장상 감리자가 시공자에게 작업지시나 공사비의 적정성, 공사비 지급 등에는 관여하지 않는 것이 일반적이지만, 고유 업무가 설계도면대로 공사가 진행되는가를 확인하는 것이므로 하자예방에 필요한 공사품질관리에 대해서는 감리자에게 일임하여도 좋겠습니다.

무엇보다도 건축주가 가장 취약한 부분이 설계도면의 내용이 어떤 것인지 알 수 없다는 것인데, 감리자에게 질문하고 설명을 듣게 되면 자재나 시공방법 등에 대하여 시공자를 상대하기에도 좋습니다.

그리고 감리자와 협의하여 현장방문의 횟수와 시기를 늘리게 되면 건축주 혼자 시공자를 상대하는 것보다 많은 도움이 될 것입니다.

땅값, 공사비 외에
추가로 들어가는 비용

    초보건축주들이 간과하는 것 중 하나가 건축공사에 대한 비용을 산정할 때 땅값, 건축비, 취득세 외에 추가로 들어가는 것들이 있다는 것입니다.

먼저 건축주들이 가장 많이 놓치는 항목이 각종 인입비용입니다.

    인입비용은 전기, 가스, 수도 등을 부지 안으로 끌어오는 데에 필요한 돈을 시청 등에 납부하는 것입니다. 공사는 시청 등에서 하게 되며 그 공사에 대한 설계비, 공사비 등을 납부하는 것입니다.

    약 100평정도의 상가주택의 경우 지자체마다 차이가 있겠으나 약 2천만원 정도를 생각하면 크게 다르지 않을 것입니다.

두 번째로 많이 놓치는 비용이 중개비입니다.

이 비용은 상가주택이나 다가구 원룸같은 임대용 건물의 경우에 해당하는데, 대부분의 건축주들이 토지를 매입할 때의 중개비는 산정을 하지만 임대를 놓을 때 들어가는 비용을 놓치는 경우가 많습니다. 공사 완료 후에 당황하지 않으려면 미리 투입금액으로 산정을 해 놓아야 합니다

세 번째는 임야나 전, 답에 건물을 지을 경우에 용도변경에 따르는 개발부담금 등의 비용입니다. 임야, 전, 답 등이 대지로 바뀌게 되면 대지의 공시지가와 그 전 지목의 공시지가의 차이에서 비용을 차감한 금액에 대해서 일정비율(약25%)을 개발부담금으로 지자체에 납부하게 됩니다.

필자의 경험을 보면 전, 답 약 160평을 대지로 용도 변경했을 때 약 800만원 정도의 비용이 나왔으며, 이 금액은 공시지가에 따라 다르고 투입된 비용에 따라 다르기 때문에 참고만 하기 바랍니다.

다가구주택, 적법하게 임대용 방 개수 늘리는 방법

　수익형 건물의 대표주자는 원룸건물이라고 불리는 '다가구 주택'이라 할 수 있겠습니다. 또 다른 수익형 건물인 '상가'에 비하여 경기변동에 민감하지도 않고, 필자가 다가구 원룸건물과 상가 건물의 두 가지에 대하여 다년간 임대사업을 해 본 결과, 주거공간은 사람이 살아가기 위해서 반드시 있어야 하는 것이기 때문에, 대부분의 사람들이 월급이나 정기적인 수입이 생기면 가장 먼저 주거비용을 확보하는 것을 볼 수 있었습니다

　그에 반하여 상가의 경우 상가를 이용하여 어떤 사업을 하기 마련인데, 그 상가를 이용한 사업(자영업, 학원, 사무실 등)에서 일정 이상의 소득이 발생되어야 상가임대료를 확보하는 모습을 보입니다.
　그러다 보니 상가의 임차인에게 상가 임대료는 사업에 운영하

는 데에 소요되는 인건비, 원재료비등에 비하여 순위에서 한참 밀리게 되어 있고, 그런 연유로 주거용 건물보다 상가 건물의 월세 체납의 비율이 월등히 높습니다.

다가구주택은 5장에서 잠깐 언급한 것처럼 주택으로 쓰이는 층수(지하층 제외)가 3개 층 이하이고, 1개 동의 주택으로 쓰는 바닥 면적(지하주차장 면적 제외)의 합계가 660㎡(약200평) 이하이며, 19세대 이하가 거주할 수 있는 주택을 말합니다. 그리고「건축법」에 의한 용도별 건축물의 종류상 '단독주택'에 해당합니다.

그러니 이왕이면 다가구주택을 규정짓는 한계치인 19세대, 200평까지 최대로 짓는 것이 건축주에게는 가장 유리하다 할 수 있습니다.

그러나 대부분의 건축주들이 땅을 사고 설계를 진행할 때가 되어서야 다가구주택의 한계치인 19세대, 200평을 확보하기가 굉장히 어렵다는 것을 아시게 됩니다.

가장 큰 이유는 바로 주차대수 때문입니다.

통상 다가구 주택의 경우에 예전에는 지자체에서 조례로 1세대 당 0.6대나 0.7대가 대부분이었습니다만 요즘에는 대부분의 지자체에서 조례로 1세대 당 주차대수 1대로 지정을 해 놓았습니다.

이 말을 풀어보면 주차장 10대가 들어갈 수 있는 땅이 있을 때

주차대수가 세대 당 0.6대를 확보해야 하는 경우에 가능한 세대수

$X \times 0.6 = 10$

$X = 10 \div 0.6$

$X = 16.67$

즉, 16세대가 가능합니다.

주차대수가 세대 당 1대를 확보해야 하는 경우에 가능한 세대수

$X \times 1.0 = 10$

$X = 10 \div 1.0$

$X = 10$

즉, 10세대가 가능합니다.

만약에 세대 당 월 임대료가 50만원이라고 가정한다면

16세대 - 10세대 = 6세대

6세대 × 50만원 = 300만원/월

300만원 × 12개월 = 3600만원

으로 연간 3600만원의 수익 차이가 발생되는 엄청난 차이가 생기게 됩니다.

일반적으로 다가구의 한계치인 건축연면적 200평을 확보 못하는 것이 아니고, 세대기준 한계인 19세대를 확보 못하는 경우가 대부분입니다.

건축연면적 약 170평정도 되면 건물 안에 세대기준 한계치인 19세대를 확보할 수 있습니다.

땅이 속해 있는 지역의 지역지구에 따른 용적률에 따라 다르겠지만, 땅 면적이 100평정도일 때 2종일반주거지역의 경우를 예를 들면, 대부분 지자체에서 용적률 200%내외이기 때문에 200평을 짓지 못하는 것이 아니고 땅 100평에 주차장이 19대가 들어가지 못하기 때문에 세대수를 19세대까지 짓지 못하는 것입니다.

땅 모양이 사각형일 경우 100평의 땅에 주차대수는 약 9대~11대 정도 확보가 가능합니다.

그러다보니 건물은 19세대를 지을 수 있는데 주차대수가 9~11대밖에 확보를 못하여 세대수가 줄게 되고 결국 투룸이나 쓰리룸 등으로 전환하는데 투룸이나 쓰리룸은 원룸에 비하여 수익률이 60~70%정도밖에 되지 않습니다.

같은 건물에서 원룸의 월세가 월50만원이라고 해서 투룸이 월세100만원이 되지 못합니다. 약 70~80만원정도 되는 것이 일반적입니다. 그래서 이왕이면 투룸보다는 원룸 건물로 임대를 하게 됩니다.

그래서 건축업자들이 많이 쓰는 방법이 건축허가와 사용승인시에는 11세대로 공사를 했다가 사용승인이 완료가 된 후 소위 '후공사'라고 불리는 '방 쪼개기'로 투룸이나 쓰리룸을 원룸으로 개조를 합니다.

이 경우에는 임대차시에 임차인의 전입신고시 해당하는 호실이 없어 세입자가 낭패를 보는 경우가 발생될 수 있고, 전기, 가스 등도 호실별 구분이 어렵고, 특히 근래에는 불법건축물에 대한 단속도 강화되는 추세이며, 이행강제금도 상향조정되었습니다. 무엇보다도 향후 매각을 할 때에도 어려움도 발생되니 건축업자가 제안을 하더라도 방 쪼개기는 신중하게 생각하셔야 합니다.

그러면 어떻게 하면 적법하게 방 개수를 용적률이 허락하는 최대치, 건축연면적기준이 허락하는 최대치를 맞추면서 세대수를 극대화 할 수 있을까요?

그 답은 바로 아래의 법규에 있습니다.

* 주차장법 시행령

제7조(부설주차장의 인근 설치)

② 법 제19조제4항 후단에 따른 시설물의 부지 인근의 범위는 다음 각 호의 어느 하나의 범위에서 특별자치도·시·군 또는 자치구(이하 "시·군 또는 구"라 한다)의 조례로 정한다.

1. 해당 부지의 경계선으로부터 부설주차장의 경계선까지의 직선거리 300미터 이내 또는 도보거리 600미터 이내

[출처: 법제처 주차장법 시행령]

주차장법 시행령에 부설주차장 인근설치라는 항목이 있습니다.

시행령에는 '해당 부지의 경계선으로부터 부설주차장의 경계선까지의 직선거리 300미터 이내 또는 도보거리 600미터 이내'라고 되어 있으나 대부분 지자체에서는 그보다 더 강화하여 예를 들면 용인지역의 경우 직선거리 200미터 이내로 되어 있습니다.

만약 이 글을 읽고 있는 예비건축주가 가지고 있는 땅이 확보할 수 있는 주차대수에 비하여 월 임대료가 상당히 높은 수준이라면 해당 지자체 조례를 확인하고 인근 반경 내에 20평 내외의 방치되어 있는 자투리땅을 찾아 부설주차장으로 활용하는 것을 검토해 보시기를 강력히 추천합니다.

[필자가 조성한 부설주차장 인근설치]

필자는 이 방법을 사용하여 개인적으로 도시형생활주택을 건축할 때 주차대수 11대가 가능하여 18세대까지 가능한 건물을, 추가로 23평의 자투리땅을 저렴하게 매입하고 주차대수를 4대 더 확보하여(사진) 세대수를 23세대까지 조성하였고, 여유대수 1대는 향후 인근의 다른 건축주가 주차대수가 모자라서 곤란을 겪을 경우에 협의하여 공동으로 사용할 계획입니다.

추가로 매입한 부설주차장용 부지의 매입비용은 추가로 받게 되는 5개 원룸의 1년 반치 월세 수입으로 상쇄되며, 무엇보다도 불법으로 방 쪼개기를 하지 않아 마음이 편한 것이 가장 좋은 점이라 생각됩니다.

공사비 10% 절감하는
직영공사 하는 방법

시간적으로 여유가 있는 건축주라면 직영공사를 고려하는 것도 나쁘지 않습니다.

직영공사란 건축주가 직접 공사를 한다는 것인데, 직영공사를 하게 되면 시공자의 이윤에 해당하는 비용, 즉 공사비의 약 10% 정도를 절약할 수 있습니다.

그리고 무엇보다도 건축주가 직접 작업자를 고용하는 방식으로, 건축주가 작업자들에게 인건비를 직접 지급하고, 자재비도 건축주가 직접 지급하기 때문에 첫째, 공사비가 어디에 어떻게 쓰이는지 알게 되어 마음이 편하고, 둘째, 1장과 2장에 나오는 사례에서처럼 시공자가 공사기간을 지연시키거나, 공사비를 터무니없이 달라고 하거나 돈을 가지고 잠적하는 일들을 방지할 수 있습니다.

즉, 시공자로 인한 걱정이 없어집니다.

예전에는 다가구주택의 경우 19세대이하 200평 이내에서는 직영공사가 가능하였으나 법이 개정이 되어 60평 이상의 건물은 건설업면허가 있는 시공사에 도급계약을 하여야 합니다.

하지만 단독주택의 경우 대부분이 60평 이하이고, 다가구주택의 경우에도 골조공사와 외장공사는 건설업면허를 가진 시공사에게 공사를 의뢰하고 나머지 공사, 즉 내장공사, 창호공사, 가구공사 등은 직영공사로 진행할 수 있습니다.

많은 건축주들이 자재는 쉽게 구할 수 있지만 작업자를 구하는 방법을 몰라서 어쩔 수 없이 자재와 시공을 같이 맡기게 됩니다만 작업자를 구하는 방법은 의외로 간단합니다.

직영공사를 하려는 공종이 만약에 '타일공사'라고 한다면 건축주는 우선 현장 주변의 타일 도소매가게를 방문하십시오. 마음에 드는 타일을 고르고 견적금액을 물어보면서 타일가게 사장님에게 이렇게 물어보면 됩니다.

"타일 작업자 잘하는 분으로 소개 좀 해 주세요"

타일 작업자가 가장 많이 들리는 곳이 어디겠습니까? 타일가게 사장님은 그 동네에서 타일 작업자를 가장 많이 알고 계시는 분입니다.

그리고 타일가게 사장님이 소개해 준 타일 작업자가 작업을 했던 현장이나 건물을 방문하여 작업상태를 확인하고 그 건물의 건축주도 만나보아 의견을 들어보고 결정을 하면 됩니다.

내장작업을 직영으로 하신다면 2차선도로 옆에 많이 보이는 ○○도어, ○○몰딩, ○○창호라는 간판이 있는 도소매상을 찾으시면 됩니다.

도배나 장판을 하신다면 도배지 도소매상, 페인트공사를 하신다면 페인트가게, 설비작업자를 찾으신다면 현장근처의 보일러 도소매상이나 철물점, 전기작업자를 찾으신다면 등기구 도소매상을 찾아 가시면 됩니다.

그리고 청소나 잡부를 구하신다면 현장근처의 인력회사에 전화하면 원하는 시간, 원하는 장소에 작업자가 와 있을 것입니다. 인력회사의 전화번호는 현장주변 전봇대에 붙어있습니다.

백호(포크레인)나 지게차도 마찬가지입니다. 현장 인근 전봇대나 컨테이너 옆에 전단지가 많이 붙어 있습니다.

전봇대에 있는 전화번호를 어떻게 신뢰 하냐고요? 어차피 돈은 일 끝나고 줍니다. 건축주는 먼저 돈을 주는 것이 아니고 작업이 다 끝나고 돈을 주는데 뭐가 걱정이겠습니까.

일한 사람이 일 끝나고 돈 못 받을까 걱정이지요.

1식으로 내장작업, 도배장판, 페인트공사, 설비, 전기 공사를 시키는 것보다 자재는 직접 구매해서 지급하고, 작업자들에게는 일당을 주고 일을 맡기면 각각의 공종에서 10%정도의 공사비를 절감 하게 되는 놀라운 경험을 하시게 될 것입니다.

그리고 자재비도 직접 지급하고, 작업자 인건비도 직접 지급하니 중간에서 누가 돈을 가지고 잠적하는 것에 대한 걱정도 사라집니다.

또 한 가지 이로운 점은 전체 공사를 시공사에게 맡겼을 때, 시공자가 현장에 작업자를 보내지 않고 공사비를 더 달라고 하거나 공사기간을 지연시킬 때, 건축주가 직접 이 방법으로 작업자를 수배하고 현장에 데려와서 작업을 시키고 시공자에게는 그 금액만큼 공제하겠다고 한다면 시공자는 아차 싶어 다시는 고의로 작업을 지연시키지 못할 것입니다.

1장의 사례에 나온 시공자가 사라진 용인 전원주택현장의 경우에 시공자가 사라진 이후 어찌할지 방법을 모르던 건축주를 대신하여 필자가 건축주를 대행하여 직영방식으로 중단된 공사를 마무리 하였습니다.

건축주는 자재비도 직접 지불하고, 작업자 인건비도 직접 지불하니 시공자가 잠적할까, 공사비가 허투루 쓰일까 하는 걱정 없이 즐겁게 공사를 마무리 하였습니다.

이렇듯이 대규모 현장의 특수한 공법이 필요하지 않은 일반적인 단독주택공사나 다가구 원룸, 상가주택 등의 일부 공종은 건축주가 충분히 직영으로 공사를 진행할 수 있습니다. 구체적인 방법이 궁금하신 분들은 필자에게 문의(블러그 : https://blog.naver.com/cjhw04 / E-Mail : cjhw04@naver.com) 하면 자세하게 알려드리겠습니다.

에필로그

　많은 분들이 전원주택이나 수익형 건물의 건축을 생각하고 있습니다. 하지만 또 많은 예비건축주들이 일부 몰지각한 악덕 건축업자들로 인하여 소규모 건축공사 시행에 대한 두려움과 걱정으로 선뜻 행동에 나서지 못하고 있는 실정입니다.

　예비 건축주들이 필자가 경험한 사례들을 반면교사로 삼아 악덕 건축업자들에게 더 이상 피해를 보지 않았으면 하는 바램과 모든 예비 건축주들이 이 책에 나와 있는 정도의 지식만이라도 알게 되어 꿈에 그리던 멋진 건물을 즐거운 마음으로 지을 수 있게 되기를 바랍니다.

맘고생 않는
집짓기 사용설명서
:집짓다 10년 늙지 않는 법

1판 1쇄 발행 ｜ 2019년 5월 25일
지은이 ｜ 조장현
펴낸곳 ｜ 북씽크
펴낸이 ｜ 강나루
주   소 ｜ 서울시 서초구 명달로24길 46, 3층 302호
전   화 ｜ 070 7808 5465
등록번호 ｜ 제 206-86-53244
ISBN   979-11-90034-25-8 13540
copyright ⓒ 조장현